宇航科学与技术系列教材·航天器总体与结构设计方向

航天飞行器设计
实验教程

刘小明　周　浩　陈万春　周　韬　主编

北京航空航天大学出版社

内 容 简 介

本书介绍了航天飞行器设计专业涉及的典型实验,包括实验原理、实验方法、实验步骤、典型算例等,具体内容涉及制导回路半实物仿真、实时操作系统、常用半实物仿真系统解决方案、xPC/slrt 的基本应用、虚拟仪器、系统辨识、PID 控制、弹箭质量质心和转动惯量的测量方法、弹体弹性模态测量、电动舵机的原理和测试方法、电视制导原理与半实物交战仿真、目标识别基础算法、卡尔曼滤波、弹道优化等。

本书主要作为高等院校飞行器设计和相关专业的综合实验教程,也可供从事航天器研制、应用工作的科技人员参考。

图书在版编目(CIP)数据

航天飞行器设计实验教程 / 刘小明等主编. -- 北京:
北京航空航天大学出版社,2024.1
ISBN 978 - 7 - 5124 - 4238 - 2

Ⅰ. ①航… Ⅱ. ①刘… Ⅲ. ①航天器－设计－实验－教材 Ⅳ. ①V423 - 33

中国国家版本馆 CIP 数据核字(2023)第 221685 号

航天飞行器设计实验教程
刘小明 周 浩 陈万春 周 韬 主编
策划编辑 冯维娜 责任编辑 董 瑞
*
北京航空航天大学出版社出版发行
北京市海淀区学院路 37 号(邮编 100191) http://www.buaapress.com.cn
发行部电话:(010)82317024 传真:(010)82328026
读者信箱:goodtextbook@126.com 邮购电话:(010)82316936
北京富资园科技发展有限公司印装 各地书店经销
*
开本:787×1 092 1/16 印张:13.25 字数:339 千字
2024 年 1 月第 1 版 2024 年 1 月第 1 次印刷 印数:500 册
ISBN 978 - 7 - 5124 - 4238 - 2 定价:49.00 元

序

　　航天是引领未来科技发展的核心力量,是大国安全的战略基石和强国经济的动力源泉。航天技术的发展反映了国家的科技水平和综合国力。党的十八大以来,中国航天取得了举世瞩目的成就。站在新的历史起点,党的二十大报告提出了加快建设航天强国的目标,中国航天正在以新的伟大奋斗开启新的征程。

　　作为集中从事航天人才培养和航天科学研究的综合性航天专业学院,北京航空航天大学宇航学院成立于 1988 年,现建有飞行器设计与工程、探测制导与控制技术、飞行器动力工程、飞行器控制与信息工程、智能飞行器技术、空天智能电推进技术六个本科专业,以及航空宇航科学与技术、控制科学与工程两个一级学科,承担着我国航天类学科专业的人才培养任务。北京航空航天大学宇航学院始终坚守立德树人初心、牢记为党育人为国育才使命,全面深化教育教学改革,取得了一系列新成果和新成效。

　　教材是承载知识的重要载体,是学生学习的重要依据和教师教学的基础。教材建设是国家事权和铸魂工程,党的二十大报告提出要加强教材建设和管理,将教材建设作为深化教育领域综合改革的重要环节。航天专业领域的教材建设对引领深化我国航天专业人才培养、为国家航天事业培养新时代高质量人才具有重要意义。

　　航天工程具有知识领域广、技术更新快的特点,对传统教材的知识更新,以及对空天智能等新兴领域教材建设需求迫切。为适应这种形式,北京航空航天大学宇航学院组织长期从事航天人才培养的一线教师,出版了这套"宇航科学与技术系列教材"。该系列教材包含航天器总体与结构设计、飞行器动力学与控制、航天推进、制导导航与控制、空天智能五个方向,既强调航天专业的基础理论知识,又注重空天智能等新兴领域所衍生的新理论与新方法,形成了基础理论、前沿技术、实际工程应用紧密结合的航天特色教材体系。

　　本系列教材是一套理论方法与工程技术融会贯通的教材,不仅可作为航天工程领域相关本科和研究生专业的教学用书,也可作为其他工科专业本科生、研究生以及广大工程技术人员学习航天专业知识的工具用书。

　　探索浩瀚宇宙,发展航天事业,建设航天强国,是中国航天人不懈追求的航天梦。希望这套教材的出版能够加快推进我国新时代航天人才培养,以高质量人才培养服务国家航天战略。

宇航科学与技术系列教材编委会

2023 年 7 月 27 日

前　言

航天技术的发展与国际形势和国家战略息息相关。第一枚弹道导弹"V2"出现在第二次世界大战时期，第一颗人造卫星、第一次载人航天、第一次载人登月都出现在"冷战"时期。2003 年 10 月 15 日"神舟"五号发射成功，一股"航天热"席卷中华大地。近几年，以 SpaceX 为代表的民营航天企业迅速发展，将"航天热"推向全球。

尽管如此，航天从业人员相对于机电、软件、土木、化工等从业人员来说，仍然是少数。高校的航天专业亦是小众专业，在市场上很难找到专门为航天专业教学开发的实验设备。目前用于航天专业教学的一部分为科研设备，其成本高、台（套）数少，多用于演示性实验，无法让学生亲自动手操作；另一部分是自研设备并配备实验讲义，仅局限于单个教学单位使用，难以推广。

另一方面，航天飞行器设计专业的本科生的课程较多，以力学为主（包括理论力学、材料力学、结构力学、空气动力学、飞行力学等），同时还涉及机械设计、电子电路、软件、自动控制、图像处理等方面的课程，如此多的知识点，缺少一种训练环节，将知识点有机地结合起来，形成航天专业的知识体系。

针对以上情况，本书面向航天飞行器设计专业的实验教学，介绍了制导、控制、质量、舵机、滤波、优化等相关知识，并配备了相应的实验，供大学生学习和实验，也可为工程领域的试验设计和人员培训提供参考。

本书的编写有如下特点：

（1）不依赖实验设备

本书把实验设备相关的实验内容单独成节，使知识背景和实验内容分开，并给出了很多算例。即使没有实验设备，也可以学习一些计算方法和实验方法，了解一些实验设备的原理，为读者学习实验方法或者设计实验设备提供帮助。

（2）扩展知识面

本书为航天飞行器设计专业的学生补充了一些必要的基础知识，涉及半实物仿真、虚拟仪器设计、系统辨识、箭弹质量特性、舵机特性、电视制导、卡尔曼滤波、弹道优化等，内容比较多，并配备了算例，便于学生扩展知识面。

（3）知识点有机结合

围绕航天飞行器（主要指导弹）的设计和测试，学生通过软硬件实验并联系所学知识，同时将理论和实践相结合，以提高自身的动手能力，形成航天专业的知识体系。

全书共分为7章和7个附录，第1章阐述了制导回路半实物仿真的基本知识，包括仿真技术、实时操作系统、常用半实物仿真系统解决方案和 xPC(slrt)的基本应用，同时介绍了虚拟仪器、系统辨识、PID 控制的基础知识，并设计了针对上述知识的相关实验；第2章系统介绍了弹箭质量、质心和转动惯量的测量方法，并对其中两种方法配备了实验；第3章介绍了弹体弹性问题，包括弹性产生的原因、弹性对弹体的影响和应对的策略，并给出了几种测量弹性模态参数的实验；第4章介绍了舵机特性，重点介绍了电动舵机的原理和测试方法，并给出了两个舵机系统测试实验；第5章阐述了电视制导的原理和基础算法，设计了图像处理实验；第6章以启发式算例的方式介绍了卡尔曼滤波的基本原理，给出了仿真算例，并设计了两个算法实验；第7章介绍了弹道优化的基本知识，给出了仿真算例，并配备了算法实验。其中，第5、6、7章的算法实验不需要专门的硬件支持。

本书的编写工作得到了北京航空航天大学教务处的资助和宇航学院领导的支持。同时，教研室的研究生宋愿赟、顾家立、覃天、徐衡、饶康麒、裴宇宵、陈中原、余文斌也为实验设计和资料整理做出了贡献，编者在此一并表示衷心的谢意。

本书涉及航天飞行器设计专业领域的多个方面，限于编者的水平，教材中如有错误与不妥之处，欢迎读者批评指正。

编　者

2023 年 8 月

目　　录

第1章　制导回路半实物仿真

1.1　半实物仿真基础知识

1.1.1　仿真技术

仿真技术是以相似原理、模型理论、系统技术、信息技术以及仿真应用领域的有关专业技术为基础,以计算机系统、与应用有关的物理效应设备及仿真器为工具,利用模型(物理模型、数学模型等)对系统(已有的或设想的)进行研究的一项多学科的综合性技术[1]。仿真技术具有可操纵性、可重复性、灵活性、安全性、无破坏性、经济性等优点,且获得比实际飞行经验更多的信息,同时不受环境条件和空域场地的限制,所以仿真技术广泛应用于航天器研制和运行的全过程。

仿真是一种特别有效的研究手段,具有巨大的经济效益。如 1930 年前后美国陆、海军航空队在作战训练时使用了林克式仪表飞行模拟训练器,每年可节约 1.3 亿美元,少牺牲 524 名飞行员。20 世纪 80 年代,导弹研制采用仿真技术,可达到减少飞行试验数量的 30%～40%、节约研制经费的 10%～40% 和缩短周期的 30%～60% 的效果,这足以说明系统仿真在工程应用中的重大意义[2]。

按照仿真时所采用的模型种类,可以将仿真分为物理仿真、数学仿真和半物理仿真(也叫半实物仿真或硬件在回路仿真)。

物理仿真是指采用一个与实际对象相似的实体作为模型而进行的仿真,如几何相似的比例模型,典型代表是风洞中的飞机缩比模型。由于物理仿真能观测到数学模型无法描述的系统特性,若将系统的实际参数、非线性因素和干扰因素等引入仿真回路,物理仿真更能反映系统的实际情况,故成为设计复杂系统必不可少的试验手段。例如,新型飞机在试飞之前,必须在铁鸟台(飞控液压系统综合试验台架)上进行严格的仿真试验(见图 1-1),此时铁鸟台和飞机组成了一个完整的物理仿真环境。

物理仿真虽有很多优点,但要求模仿实际系统构造出一个相似的物理模型,这需要投入很多的时间成本和经济成本。另外,不同的实际系统要求做出不同的物理模型,因此通用性较差。相比起来,数学仿真显示出较大的优势。

数学仿真是建立系统的数学模型,再通过计算机来复现系统的工作过程,属于抽象仿真。比如在 MATLAB 软件中,设计一个经典的 Bouncing Ball 算例:小球在 10 m 的高度以 15 m/s 的速度向上抛出,每次落地后小球的弹起速度变为落地速度的 80%。不考虑空气阻力,对小球的运动过程进行建模和仿真结果如图 1-2 所示,右边的仿真曲线直观的反应了小球的运动轨迹等数据。

在这一仿真案例中,根据力学知识建立了小球的理想运动模型,对小球与地面的碰撞过程进行了简化,仿真过程中使用的硬件设备只有计算机,没有物理效应设备(如一个现实存在的小球），因此这是一个典型的数学仿真。数学仿真看似完满地解决了仿真的所有问题，但实际并未如此。比如在航天器研制过程中，由于工艺或其他原因会引起系统性能退化，有些设备、部件、环境的数学模型也无法精确建立（如雷达接收机的系统噪声、导弹舵机的非线性动力学特性等），这对航天器的性能影响很大，是不可忽略的，这时就需要将实际的物理硬件引入到仿真过程中，进行半实物仿真。

图 1-1　上海飞机设计研究院的 C919"铁鸟"试验台

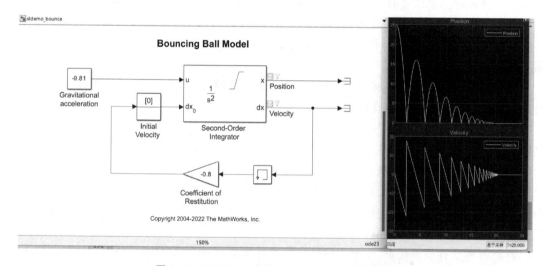

图 1-2　MATLAB 中的 Bouncing Ball 仿真算例

半实物仿真，又称为硬件在回路（Hardware in the Loop，HIL）仿真，是指在仿真实验系统的仿真回路中接入部分实物的实时（Real-Time）仿真。与数学仿真相比，半实物仿真的真实度更高，结果更可信。从系统的观点来看，半实物仿真允许在系统中接入部分实物，从而使部件能在满足系统整体性能指标的环境中得到检验，因此半实物仿真是提高系统设计的可靠性和研制质量的必要手段[3]。

与数学仿真不同，半实物仿真的硬件设备中除了要有仿真计算机外，还需要物理效应设备和与之配套的接口设备，如图 1-3 所示。

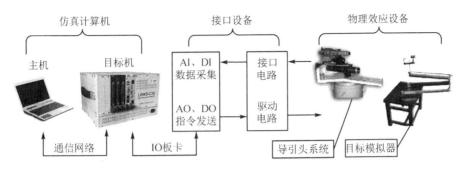

图 1-3　半实物仿真系统的硬件组成

（1）仿真计算机

半实物仿真系统属于实时仿真系统，是把实物通过计算机接口嵌入到软件环境中，并要求系统的软件和硬件都要实时运行，从而模拟整个系统的运行状态。为了程序开发的方便，仿真计算机一般由两台计算机组成：主机和目标机。主机用于程序开发，目标机用于程序的实时运行。主机中安装 Windows 系统，在其上建立模型、设置仿真参数、生成针对目标机平台的可执行代码，目标机中安装 QNX、VxWorks、RT-Linux 等实时操作系统，下载主机生成的代码并实时运行。

半实物仿真系统中的目标机用于读取实物设备的反馈信息，实时运行仿真模型和控制算法，解算控制指令，通过接口设备实现对实物设备运行的控制。对于复杂的大型仿真系统，可用多台目标机联网实时运行。关于实时系统的知识，将在下一节中介绍。

（2）物理效应设备

物理效应设备用于模拟真实世界的物理环境，其作用是形成仿真环境（或称为虚拟环境）。物理效应设备实现的技术途径多种多样，可采用伺服控制回路，通过伺服控制回路控制形成相应的物理量，也可以在已储存好的数据库中搜索相应的数据，转化为相应的物理量。

（3）接口设备

仿真计算机输出的驱动信号经接口变换后驱动相应的物理效应设备，并通过接口设备将操作人员或实物系统的控制输入信号反馈到仿真计算机。

半实物仿真系统是虚、实结合的系统，具有以下特征：

① 仿真模型的建立。仿真模型的建立包括：被仿真对象实体数学模型的建立和环境模型，例如飞行仿真系统中大气环境（气压、气温、阵风、扰动气流等）模型、地理环境（地形、地貌）模型等的建立；

② 实物的接入与仿真环境的生成。实时仿真系统一般都接入实物系统。各种物理效应设备将模拟生成实物系统所需要的物理环境，通过物理效应设备与接口使仿真计算机与接入的实物系统构成一个完整的含实物仿真系统；

③ 系统仿真试验。系统仿真试验具有良好的可控性、无破坏性，可多次重复，经济、安全、一般不受气象条件和场地环境的限制；

④ 系统仿真的应用。系统仿真技术可广泛应用于国防、能源、水利、工业等领域，也可广泛应用于产品研制的方案论证、设计分析、生产制造、试验评估、人员训练的全过程。

⑤ 系统仿真的实时性。仿真计算机从"并行"计算的模拟计算机发展到"串行"计算的数

字计算机,其技术关键是如何保证仿真系统运行的实时性。实时性体现在循环迭代计算的帧周期上,应根据仿真系统内的信息变化快慢选定帧周期。联网仿真的网络延迟和物理效应设备的时间延迟都将影响仿真系统的实时性。

1.1.2 实时操作系统

在介绍实时操作系统之前,先认识一下计算机系统。计算机系统由两部分组成:硬件和软件,如图1-4所示。

软件部分又分为系统软件和应用软件,最常用的系统软件如 Windows,还有手机上常用的安卓(Android)系统,应用软件如 Office、Photoshop、CAD、MATLAB 等,手机上的各种 App 也属于应用软件。当购买一台裸机后,首先要安装操作系统,然后安装需要的应用软件。操作系统是一组用于控制和管理计算机软硬件资源,便于用户灵活操作计算机程序的集合。它是配置在计算机上的第一层软件,是对硬件功能的扩充。它不仅是硬件与其他软件系统的接口,是联系计算机硬件资源和应用软件的桥梁,也是用户和计算机之间进行交流的界面,计算机系统各组件的关系如图1-5所示。

图 1-4　计算机系统的组成

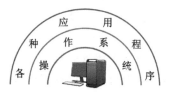

图 1-5　计算机系统组件的关系

操作系统按不同的标准可以分成不同的类型,如图1-6所示。

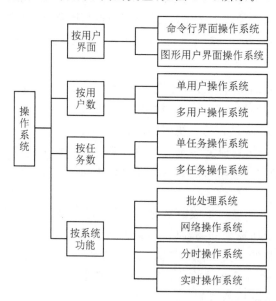

图 1-6　操作系统的分类

通用操作系统(如 Windows 系统、Linux 系统)由分时操作系统发展而来,大部分都支持多用户和多进程操作,该系统负责管理众多的进程并为它们分配系统资源,其设计原则是尽量缩短系统的平均响应时间并提高系统的吞吐率,在单位时间内为尽可能多的用户请求提供服务,注重的是每次执行的平均响应时间,而不关心某次特定执行的响应时间。实时操作系统则不同,其正确性不仅依赖于系统计算的逻辑结果,还依赖于产生这些结果的时间。如果未满足系统的时间约束,则认为系统失效[4]。实时操作系统所遵循的核心设计原则是:采用各种算法和策略,始终保证系统行为的可预测性(predictability),即当系统运行时,在任何情况下,实时操作系统都要为多个实时任务合理地分配资源(包括 CPU、内存、网络带宽等),使每个实时任务的实时性要求都能得到满足。实时操作系统注重的不是系统的平均表现,而是要求每个实时任务在最坏情况下都要满足其实时性要求,也就是说,实时操作系统注重的是个体表现,更准确地讲是个体在最坏情况下的表现。

当实时操作系统面对变化的负载(从最小到最坏的情况)时,无论打开多少程序,该系统都能保证每个程度在确定的时间内得到 CPU 的服务。例如,如果使用足够强大的 CPU,Windows 在 CPU 空闲时可以提供非常短的典型中断响应,但是,当某些后台任务正在运行时,有时候响应会变得非常漫长,以至于某一个简单的读取文件的任务会长时间无响应,甚至直接挂死。于是出现了如下的基本论断:并不是 Windows 不够快或效率不够高,而是因为它不能提供"确定性",所以 Windows 不是一个实时操作系统。

VxWorks、μcOS - Ⅱ、RT - Linux、QNX 是四种比较流行的优秀的强实时操作系统,且各有特色。VxWorks 的衡量指标值最好;μcOS - Ⅱ 最短小精悍;RT - Linux 支持调度策略的改写;QNX 支持分布式应用。

1.1.3　常用 HIL 方案

在复杂系统开发的初期阶段,需要快速建立被控对象原型及控制器模型,并对整个控制系统进行多次离线和在线试验来验证控制系统软、硬件方案的可行性。控制器模型可以用计算机代替,在计算机中设计控制算法、运行控制程序、检验对外界硬件的控制效果。计算机与外界硬件的连接离不开数据采集卡或通信卡,如果设计人员自行开发这些板卡的底层驱动程序,无疑是一项费时费力的工作;另外,如前文所述,控制程序需要实时运行,程序设计中如果再考虑中断响应时间、计算机资源分配等细节,那么设计人员将陷入多学科沼泽,开发效率大打折扣。

为了把开发人员从底层开发中解放出来,把精力更多地投入到控制算法设计上,一些方便快捷的商业 HIL 解决方案应运而生,常用的有 dSPACE、RT - LAB 和 xPC。

1. dSPACE

dSPACE 实时仿真系统是由德国 dSPACE 公司开发的一套基于 MATLAB/Simulink 的控制系统在实时环境下的开发及测试工作平台,实现了和 MATLAB/Simulink 的无缝连接。dSPACE 实时系统由两大部分组成:硬件系统和软件环境。硬件系统(包括处理器和 I/O 接口等)的主要特点是具有高速计算能力;软件环境可以方便地完成代码生成/下载和试验调试等工作。dSPACE 具有强大的功能,可以很好地完成控制算法的设计、测试和实现,并为这一套并行工程提供一个良好的环境。dSPACE 的开发思路是将系统或产品开发的诸多功能与过程的集成和一体化,即从一个产品的概念设计到数学分析和仿真,从实时仿真试验到试验结果的监控和调节都可以集成到一套平台中完成。

dSPACE 的软件环境主要由两部分组成,一部分是用于生成实时代码和下载软件 RTI

(Real-Time Interface),该部分是连接 dSPACE 实时系统与 MATLAB/Simulink 的纽带,通过对 RTW(Real-Time Workshop)进行扩展,可以实现从 Simulink 模型到 dSPACE 实时硬件代码的自动下载。另一部分为测试软件,其中包含了综合实验与测试环境(软件)ControlDesk、自动试验及参数调整软件 MATLAB/MTRACE、PC 与实时处理器通信软件 CLIB 以及实时动画软件 RealMotion 等[5]。

dSPACE 实时仿真系统与其他仿真系统相比有以下优点:

① 组合性强。使用标准组件系统,可以对系统进行多种组合;

② 过渡性好,易于掌握使用。与 MATLAB/Simulink 无缝连接,方便从非实时分析设计过渡到实时分析设计;

③ 快速性好。用户可以在几分钟内完成模型/参数的修改、代码的生成及下载等工作,大大节省了时间和费用;

④ 实时性好。一旦代码下载到实时系统,将独立运行,不会产生对试验过程的中断;

⑤ 可靠性高。dSPACE 系统软、硬件均经过精心设计、制造和调试,无兼容性问题,可以信赖;

⑥ 灵活性强。允许用户在单板/多板系统、单处理器/多处理器系统、自动生成代码/手工编制代码间进行选择,适应各方面的应用需求;

⑦ 代码生成及下载软件、试验工具软件都基于 Windows 操作系统,硬件接口采用标准总线,方便掌握使用。

基于上述优点,dSPACE 已广泛应用于航空航天、机器人及工业控制等领域,促使控制算法及仿真测试方案的研究进入高阶阶段。

2. RT-LAB

RT-LAB 实时仿真器是加拿大 Opal-RT Technologies 公司推出的基于模型工程设计与测试的应用平台。工程师可以在该平台上实现对工程项目的设计、实时仿真、快速原型与硬件在回路测试的全套操作。

由于 RT-LAB 具有开放性,可以灵活应用于动力学系统仿真与控制场合;其可扩展性能为工程项目提供了一个低风险的起点,用户可以根据项目的需要(不论是为了加快仿真速度或者是为满足应用的实时硬件在回路测试的需要)随时随地对系统运算能力进行验证及扩展。

RT-LAB 的主要特性是分布式运算,即将复杂的模型分布到若干处理器上,其并行运算是 RT-LAB 的独创。通常可以用普通的 PC 机作为模型运行的载体目标机,这不仅可以扩展运算能力,还可以使用户在较短的时间内灵活地组建符合自己需要的实时仿真平台,并能结合项目的需要扩展。

RT-LAB 广泛应用于航空、航天、工业和军事武器系统仿真,其主要优点如下:

① 基于 PC 技术:高性价比运算速度快。在仿真模型的各个子系统之间可以获得同步控制和高速实时连接,因此仿真是高性能的并行计算。这些子系统可以任意放在若干个节点上,节点之间采用火线(IEEE-1394)连接,近些年开始支持光纤反射内存网。

② 支持半实物(硬件在回路)仿真。在 Target 节点上既可以插入模拟 I/O 卡也可以插入数字 I/O 卡。因此仿真系统可以与外部设备进行通信,如 Target 和 I/O 卡之间,由 RT-LAB 仿真平台进行同步管理。

③ 支持与其他非实时仿真平台的协同仿真。为了提高仿真模型的实时性,系统的非实时

部分常独立运行在 RT-LAB 平台之外的其他平台上。这些非实时平台上的程序通过 RT-LAB 仿真界面接口程序与仿真模型系统之间交互非实时数据。

④ 能自动划分模型并产生分布式仿真代码。RT-LAB 利用自身的 Simulink 图标解释 Simulink 模型,并自动完成各个子系统的划分、源代码的生成、可执行程序的编辑以及自动将上述内容下载到 Target 节点上。因此,RT-LAB 工具不仅可以加速开发过程,而且可使仿真模型具有灵活的伸缩能力。

⑤ 支持 MATLAB/STATEFLOW。STATEFLOW 是 MATLAB 专门用于复杂逻辑系统建模的状态机工具包,支持 MATLAB/STATEFLOW 就意味着 RT-LAB 提供了对复杂过程系统和离散事件的建模工具。

⑥ 系统结构随着项目的展开可以向上扩展。当运算量增大,可增加/升级运算节点的效费比高;使用商业 RTOS(实时操作系统),保证了系统的稳定性、可靠性与实时性能。

⑦ 开放系统。可以与其他软件接口,独立于硬件平台,可以满足用户的定制要求。

3. xPC

MATLAB 是一种面向科学与工程计算的高级语言,集科学计算、自动控制、信号处理、神经网络、图像处理等于一体,具有极高的编程效率。特别是利用 Simulink 工具箱中丰富的函数库可以很方便地构建数学模型,并进行非实时的仿真。而 xPC 是 MathWorks 提供一种用于产品原型开发、测试和配置实时系统的 PC 机解决途径。为了提高系统实时仿真的能力,xPC 采用了宿主机-目标机的技术途径,两机通过网卡连接,以 TCP/IP 协议进行通信。宿主机用 Simulink 建立模型,完成仿真前的参数配置,然后用 RTW 和一个 VC 编译器将模型编译为一个可执行文件并下载到目标机。目标机通过软盘或 U 盘启动 xPC Target 实时内核,运行从宿主机下载的 RTW 生成的目标应用程序,通过 I/O 通道与外部实物进行数据交换,最终实现半实物的实时仿真测试。在 xPC 环境下,可以从 MATLAB 中使用命令行或通过 xPC Target 的图形交互界面对程序的执行进行控制。在程序执行期间,可以在线调整模型参数,通过信号绘图功能可以动态观察信号波形,实现数据可视化和信号跟踪。如果目标机有监视器,则可以使用 xPC 目标的目标管理器功能在目标机上直接观察信号和目标机的各种状态信息。

xPC 具有如下特点:

① 两机可通过 RS-232 或 TCP/IP 协议进行通信,也可通过局域网、Internet 进行连接。

② 支持任何类型的计算机作为实时目标系统。

③ 依靠处理器的高性能水平,采样率可达到 100 kHz。

④ 扩展了 I/O 驱动设备库,现已支持超过 150 种标准 I/O 板。

⑤ 可以接收来自主机或目标机的信号,也可以动态调整参数。

⑥ 在宿主机和目标机上都可进行交互式的数据可视化和信号跟踪。

⑦ 使用 xPC Target Embedded Option 能针对独立操作进行系统配置。

4. 三种 HIL 方案的对比

由以上的分析可知,三种半实物仿真平台都是成熟的分布式、可以用于实时仿真和半实物仿真的平台;都是基于 PC 机 Windows 操作系统,具有高度的集成性和模块化;用户可以根据需要,在运算速度不同的多处理器之间进行选择,选用不同的 I/O 配置,以组成不同的应用系统。

相对来说,RT-LAB 和 xPC 侧重于工程设计与测试方面,而 dSPACE 更侧重于控制系统开发及测试方面。下面就软、硬件来作一个简单的比较:

（1）硬件方面

dSPACE 需要购买专业化的硬件系统，其硬件系统主要分两类。一是单板系统：处理器和 I/O 集成到一块板上，形成一个完整的实时仿真系统（如 DS1103 等控制板）；二是组件系统：处理器与用户接口完全分开，以实现各自的自由扩展，两者之间的通信由 PHS 总线实现（DS1005 PPC 控制器等）。

RT-LAB 和 xPC 不需要专门的硬件配套设施，本身也没有专业化的硬件需求，其计算机系统是采用商业化的 PC 机，只需根据目标对象的需要配置相应的数据采集卡即可。

（2）软件环境

dSPACE 所需要的软件环境是 Real-Time Inteface（RTI）或 Real-Time Multiprocesser（RTI-MP），软件环境与 MathWorks 公司的 Real-Time Workshop（RTW）配合使用，同时还需要 ControlDesk 实时监控软件、TargetLink 等。

RT-LAB 的主机需要安装 RT-LAB 实时仿真平台，目标机需要安装 QNX 实时操作系统；主机可以通过 Internet 进行远程操作。

xPC 需要主机安装 MATLAB 的 RTW 开发界面和 VC 等 C 语言编译器。

（3）成　本

由于需要配置相应的专业化硬件和开发系统，dSPACE 的成本较高；RT-LAB 只需要购置软件 License，成本次之；xPC 是 MATLAB 下的一个模块，在安装 MATLAB 时已经被自动安装在计算机上了，无需额外的软件成本，因此 xPC 的成本最低。

1.1.4　xPC(slrt)的初级应用

考虑到 xPC 的成本最低，且学生对 MATLAB 较了解，本教材中 HIL 方案将选用 xPC。新版本（R2014a 以后）的 MATLAB 中，取消了 xPC，而将其并入 Simulink Real-Time（slrt）中，后文的介绍中，将使用 2015 版的 slrt。

Simulink Real-Time 通过标准的计算机硬件来解决原型构建、测试以及实时系统的配置。本文将利用一个简单的 Simulink 模型说明 Simulink Real-Time 的基本功能。由于该模型没有 I/O 模块，故不管是否有 I/O 硬件，都可以在主机上运行这些程序。Simulink 模型包含以下几个步骤：

① 创建的 Simulink 模型须具有一个数据源和一个输出，可绘制数据曲线，并且可以非实时地运行；

② 启动目标机，编译 Simulink 模型以生成目标程序，并下载到目标机中；

③ 实时运行程序，测试目标程序的性能。

具体操作参见附录 A：Simulink Real-Time 操作指南。

1.2　虚拟仪器基础知识

1.2.1　虚拟仪器的发展

测量仪器发展至今，大体可分为 5 个阶段：机械仪器、模拟仪器、数字仪器、智能仪器和虚拟仪器。

机械仪器：这类仪器出现最早，甚至可以追溯到几千年前，比如日晷、沙漏、地动仪等，有的仪器至今仍在使用，比如机械手表、天平、杆秤、风向标等。

模拟仪器：出现于 20 世纪初，随着电子技术的发展而更新迭代。这类仪器是以电磁感应基本定律为基础的指针仪器仪表。其基本结构是电磁机械式，借助指针来显示最终结果，如指针式万用表、晶体管电压表、石英钟等。这类仪器测量和读数由人工完成，人为误差和系统误差较大，且效率低，功能单一。

数字仪器：出现于 20 世纪 50 年代，随着数字电路技术、传感器技术以及模/数转换技术的发展而更新迭代，并以数字方式输出最终结果，如数字电压表、数字频率计、电子称等。数字测量仪器不仅测量精度、分辨率和测量速度有了很大的提高，而且为实现自动化测试奠定了基础。

智能仪器：出现于 20 世纪 70 年代末期，随着计算机技术的发展而更新迭代。将微处理器嵌入到仪器中，仪器可以独立运行测控程序，具有数据存储、数据运算、逻辑判断和自动化操作等功能，并逐渐从数据处理向知识处理发展（如模糊判断、故障诊断、容错技术、传感器信息融合、器件寿命预测等），体现出了更高层次的智能水平。智能仪器的功能模块全部以硬件和固化软件的形式存在，无论是在开发还是在应用上，都缺乏灵活性。

虚拟仪器：是现代计算机软、硬件技术和测量技术相结合的产物，是传统仪器观念的一次巨大变革，是将来仪器发展的一个重要方向。

传统的测量仪器越来越满足不了科技进步的要求，主要表现在以下几点：

① 现代测量要求仪器不仅能单独测量某个量，而且更希望仪器之间能够互相通信，实现信息共享，从而完成对被测系统的综合分析、评估，得出准确判断。传统仪器在这方面显然存在严重不足。

② 对于复杂的被测系统，其测试设备来源于不同厂家，使用者需要更多的知识。这样的仪器不仅使用频率和利用率低，而且硬件存在冗余[6]。

鉴于上述原因，虚拟仪器概念应运而生。它最早是由美国国家仪器公司（National Instrument，NI）在 1986 年提出的，但其雏形可以追溯到 1981 年由美国西北仪器系统公司推出的 Apple Ⅱ 为基础的数字存储示波器。该仪器和个人计算机的概念相适应，当时被称为个人仪器（Personal Instrument）。1986 年，NI 公司推出了图形化的虚拟仪器编程环境 LabVIEW，标志着虚拟仪器软件设计平台基本成型，虚拟仪器从概念构思变为工程师可实现的具体对象。

1.2.2　虚拟仪器的概念

从总体而言，虚拟仪器是测量/测试领域的一个创新概念，是计算机技术介入仪器领域所形成的一种新型仪器，是利用计算机强大的图形环境，组合相应的硬件，编制不同的测试软件，建立界面友好的虚拟面板（即软面板），通过友好的图形界面及图形化编程语言控制运行，形成多种测量方式，完成对被测量的采集、分析、判断、显示、存储及数据生成的仪器。也就是说，虚拟仪器是利用计算机显示器模拟传统仪器控制面板，以多种形式输出检测结果，利用计算机软件实现信号数据的运算、分析和处理，利用 I/O 接口设备完成信号的采集、测量与调试，从而完成各种测试的一种计算机仪器系统。

（1）虚拟仪器定义的主要含义

虚拟仪器的硬件是通用的。在虚拟仪器设计过程中用到的基本知识都是通用的数据采集知识，当然基于这些知识设计的硬件都是通用的。

虚拟仪器的面板是虚拟的。虚拟仪器面板上的各种"图标"与传统仪器面板上的各种"元器件"所具有的功能是相同的，即由各种开关、按键、显示控件等实现仪器电源的"通""断"；可实现对被测信号"输入通道""放大倍数"等参数的设置；实现测量结果的"数值显示""波形显示"等。

传统仪器面板上的元器件都是"实物"，而且是由"手动"和"触摸"进行操作的，虚拟仪器前面板是外形与实物相像的"图标"，每个图标的"通""断""放大"等动作是通过用户对鼠标或键盘的操作来完成的。因此，设计虚拟仪器前面板就是在前面板设计窗口中摆放所需的图标，然后对图标的属性进行设置。

虚拟仪器的测量功能是由用户软件来定义实现的：在以计算机为核心组成的硬件平台支持下，通过软件编程设计以实现仪器的功能，多功能测试可以通过组合具有不同测试功能的软件模块来实现。虚拟仪器体现了测试技术与计算机深层次的结合。

（2）如何理解"软件就是仪器"

软件就是仪器（见图1-7），但软件不等于仪器。确切地说，软件是仪器的一部分，但不是全部。虚拟仪器之所以称为仪器，在于它直接面对和处理的对象是信号，而计算机则只能处理数字信号。软件加硬件才能构成一个功能完整的仪器[7]。

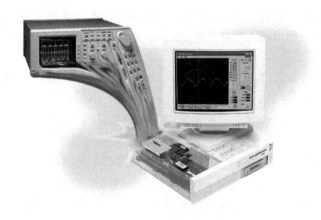

图1-7 软件就是仪器

1.2.3 虚拟仪器的构成

虚拟仪器的基本结构由计算机硬件平台、模块化的I/O接口硬件和虚拟仪器软件三部分组成，如图1-8所示。

（1）计算机硬件平台

计算机硬件平台可以是各种类型的计算机，如普通台式计算机、便携式计算机、工作站、嵌入式计算机等。计算机用于管理虚拟仪器的硬、软件资源，是虚拟仪器的硬件基础。计算机技术在显示、存储能力、处理性能、网络、总线标准等方面的发展,推动了虚拟仪器系统的快速更新迭代。

（2）模块化的 I/O 接口硬件

I/O 接口硬件根据不同的标准接口总线将被测信号转换成供其他系统使用的输入或输出信号,在此基础上组成虚拟仪器测试系统。

I/O 硬件部分可由数据采集卡、GPIB 接口、串并行接口、VIX 接口、LAN 接口、现场总线接口等构成,其主要功能是完成对被测信号的采集、传输和显示测量结果。

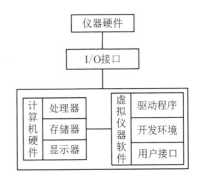

图 1-8 虚拟仪器系统的组成框图

面对日益复杂的测试测量应用,NI 提供了全方位的软、硬件的解决方案(见图 1-9)。无论是用 PCI,PXI,PCMCIA,USB 还是 IEEE-1394 总线,NI 都能提供相应的模块化硬件产品,其种类从数据采集、信号处理、声音和振动测量、视觉、运动、仪器控制、分布式 I/O 到 CAN 接口等工业通信领域,应有尽有。

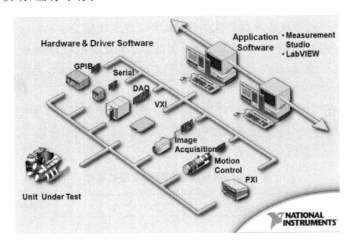

图 1-9 NI 给出的虚拟仪器的构成

（3）虚拟仪器软件

软件是虚拟仪器技术中最重要的组成部分。使用正确的软件工具并通过设计或调用特定的程序模块,工程师和科学家根据需要自行创建应用或友好的人机交互界面。有了功能强大的软件,用户就可以在仪器中创建决策功能,以发挥虚拟仪器技术在测试应用中的强大优势。

虚拟仪器的软件是核心部分,用于实现对仪器硬件的通信和控制,对信号进行分析处理,对结果表达和输出。

虚拟仪器实质上是"软硬结合""虚实结合"的产物,通过最新的计算机技术实现和扩展传统仪器的功能。该仪器强调软件的作用,提出"软件就是仪器"的概念,在虚拟仪器中,硬件仅仅用于解决信号的输入、输出,软件才是整个仪器系统的关键。用户可根据自己的需要通过编制不同的测试软件来构成功能不同的测试系统,其中许多硬件功能可直接由软件实现,系统具有极强的通用性和多功能性[6]。

1.2.4 虚拟仪器的特点

首先,从以下几方面对虚拟仪器与传统仪器进行比较。

① 外观:传统仪器的面板只有一个,其上布置着种类繁多的显示元器件与操作元器件。由此导致许多认读与操作错误。虚拟仪器则不同,它可以通过在几个分面板上的操作来实现比较复杂的功能。

② 功能:传统仪器的功能都是通过硬件电路或者固化的软件来实现的,由仪器生产厂商给定,其功能和规模一般都是固定的,用户无法随意改变其结构和功能,与其他设备的连接受到限制。

③ 性价比、开发费用:传统仪器的价格昂贵,技术更新慢,开发费用高。

④ 系统集成性:由于虚拟仪器的硬件和软件都制定了开放的工业标准和基于计算机的开放式标准体系结构,因此可以把不同厂商的产品集成到一个系统中,并基于标准化的计算机总线和仪器总线及硬件实现模块化、系列化,大大方便系统集成。虚拟仪器具有很强的开放性和灵活性,可与计算机同步发展,与网络及其他周边设备互连。

⑤ 系统升级:改进虚拟仪器的性能和扩展其功能只需设计更新相关软件即可,而不需购买新的仪器,故其研制周期较传统仪器大为缩短,所以性价比较高。

⑥ 用户功能:虚拟仪器的用户界面友好、美观,功能复杂的仪器面板可以划分成几个分面板,从而使面板更加简洁;软件面板可以根据用户的需求自行设计,具有极大的灵活性和创新性。

⑦ 仪器功能:在通用硬件平台确定后,由软件取代传统仪器中的硬件来完成仪器功能。仪器功能是用户根据需要由软件来定义的,而不是事先由厂商定义好的[7]。

虚拟仪器与传统仪器的对比如表1-1所列。

表1-1 虚拟仪器与传统仪器的比较

项 目	传统仪器	虚拟仪器
中心环节	关键是硬件	关键是软件
开发维护费用	开发与维护费用高	开发与维护费用低
技术更新周期	技术更新周期长(5~10年)	技术更新周期短(1~2年)
性能/价格比	价格昂贵	价格低,并且可重用性与可配置性强
仪器定义	厂商定义仪器功能	用户定义仪器功能
功能设定	仪器的功能、规模均已固定	系统功能和规模可通过软件修改和增减
开放性	封闭的系统,与其他设备连接受限	基于计算机的开放系统,可方便联网
应用情况	多为实验室拥有	个人可以拥有一个实验室

1.2.5 虚拟仪器的开发平台

当今软件技术日新月异,各种软件开发平台前涌后出。和大多数科学技术发展道路一样,专业化已成为软件发展的趋势[6]。

虚拟仪器的软件开发平台目前主要有两类:

第一类是基于传统语言的C,Visual Basic,Visual C++,Delphi等,这类语言具有适应面广、开发灵活的特点。但这种开发方式对测试人员要求很高,需要自己将各种数据处理方法用计算机语言实现,还要对用于数据通信的各种连接总线(如 RS232、USB、GPIB 等)非常熟悉。绝大多数工程测试人员难以做到,或者需要花费大量的时间用于研究,而懂得这些编程方法的人员又不一定懂得测试。因此,用上述平台开发测试工程软件难度大、周期长、费用高、可扩展性差。

第二类是基于图形化的编程软件,如:NI 公司的 LabVIEW,HP 公司的 VEE,HEM 公司的 Snap-Master,IOtech 公司的 DASYLab 等。这类组态软件通过建立和连接图标来构成虚拟仪器工作程序并定义其功能,而不是用传统的文本编辑形式。它们具有编程效率高、通用性强、交叉平台互换性好等特点。

虚拟仪器是测试工程领域的强有力工具,由 NI 公司开发的虚拟仪器软件 LabVIEW 和 LabWindows /CVI 得到了业界的普遍认可,在测试系统分析、设计和研究方面应用广泛。

实验室虚拟仪器工程平台(Laboratory Virtual Instrument Engineering Workbench,Lab-VIEW)是一种基于 G 语言的测试系统软件开发平台。该平台采用了工程人员熟悉的术语、图标等图形化符号来代替常规的基于文字的语言程序。利用 LabVIEW,用户可通过定义和连接代表各种功能模块的图标,可方便、迅速地创建虚拟仪器。

LabWindows/CVI 是 NI 公司开发的另一种交互式开发平台。该平台将 C 语言开发平台与用于数据采集分析和显示的测控工具结合起来,将开发平台与交互式编程方法、功能面板及库函数集成一体,为熟悉 C 语言的开发人员建立检测系统、自动测量环境、数据采集与处理系统、过程监控系统等提供了一个很好的软件开发环境。

在新版的 MATLAB 中(R2014 或更高),Simulink Real-Time 提供了虚拟仪器设计的功能,启动 slrt 浏览器,可以看到前面板的设计工具,后面板的数据处理功能则由 Simulink 和 slrt 来开发。图 1 - 10 所示是在 slrt 下设计的虚拟仪器的前面板。slrt 中的虚拟仪器设计方法,可以参加附录 B:Simulink Real-Time 下的虚拟仪器设计。

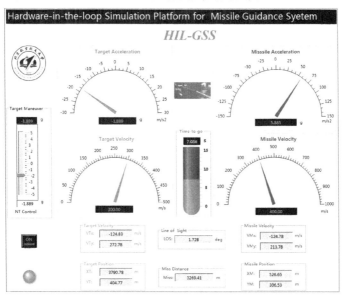

图 1 - 10　slrt 下设计的虚拟仪器前面板

1.3 系统辨识基础知识

1.3.1 建模方法

在自然科学和社会科学的许多领域中,对系统的设计、分析、控制和预测,都需要了解系统的动态特性。建立研究对象的数学模型(Mathematical Model),则是开展这些工作的前提和基础。建立数学模型的方法有理论建模法和实验建模法。

理论建模法主要是通过分析系统的运动规律,运用一些已知的定律、定理和原理,利用数学方法进行推导,建立系统的数学模型。例如飞行器运动的数学模型,一般可根据力学原理较准确地推导出来。但是,当考虑飞行器运动模型的参数随飞行高度和飞行速度变化时,为了实现对飞行器运动的自适应控制,就要不断估计飞行器在飞行过程中的模型参数。有些控制对象(如化学生产过程),由于其复杂性,很难用理论分析方法推导其数学模型。只知道数学模型的一般形式及其部分参数,甚至连数学模型的形式也不知道。因此提出确定系统的数学模型及其参数的问题,只有求助于试验方法。

实验建模法是人为地给系统施加某种测试信号,记录系统的输出响应,并用适当的数学模型去逼近,这个过程称为系统辨识(System Identification,SI)。与理论建模法相比,实验建模法的优点是不需要深入了解系统的机理,不足是必须设计一个合理的实验以获取所需的最大信息量,而设计合理的实验往往是困难的[8][9]。因此在具体建模时,常常将理论建模法和实验建模法结合起来,机理已知的部分采用理论建模法,机理未知的部分采用实验建模法。

系统的机理完全未知,只能采用实验建模法,称为黑箱建模;系统的机理部分已知,理论建模法和实验建模法结合起来使用,称为灰箱建模;系统的机理完全已知,可以采用理论建模法,称为白箱建模。大部分工程系统及工业过程都属于灰箱问题。

1.3.2 系统辨识的定义和分类

1962 年 Zadeh 从数学的角度定义:辨识就是在输入、输出数据的基础上,从一组给定的模型类中,确定一个与所测系统等价的模型。

1978 年瑞典的李龙(L. Ljung)提出:系统辨识有三个要素:数据、模型类和准则;系统辨识是按照一定准则,在模型类中选择一个与所测数据拟合匹配性最好的模型;拟合的好坏是一个不定的概念,所以要用准则来判别。这一定义为大家普遍接受。图 1 - 11 所示为辨识建模的思想。

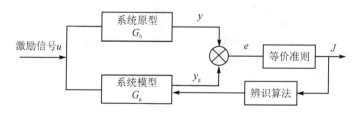

图 1 - 11 系统辨识原理

图中规定代价函数(或称等价准则)为 $J(y,y_\mathrm{g})$,它是误差 e 的函数,系统原型 G_0 和系统模型 G_g 在同一激励信号 u 的作用下,产生系统原型输出信号 y 和系统模型输出信号 y_g,二者误差为 e。经等价准则计算后,利用辨识算法修正模型参数,然后再反复进行,直到误差满足代价函数最小为止。此时,即称为系统被辨识。

等价准则函数根据需要定义,可以有无数种,连续信号下可以定义为

$$J(y,y_\mathrm{g}) = \int_{t-T}^{t} \left[y(t) - y_\mathrm{g}(t) \right]^2 \mathrm{d}t = \int_{t-T}^{t} e^2(t) \mathrm{d}t \tag{1.1}$$

离散信号下,等价准则可以定义为

$$J(y,y_\mathrm{g}) = \sum_{k}^{N} |y - y_\mathrm{g}|^2 = \|e\|^2 \tag{1.2}$$

系统辨识的方法有很多种,对于线性系统来说,辨识方法已经非常成熟,根据模型形式的不同,可以分为两类。

(1) 非参数模型辨识方法

非参数模型辨识方法获得的模型为非参数模型。它是假定系统为线性的前提下,不必事先确定系统模型的具体结构,因而这类方法可适用于任意复杂的系统。非参数模型采用响应曲线来描述,如时域中的脉冲响应模型、阶跃响应模型和频域中的频率响应模型等。

(2) 参数模型辨识方法

参数模型辨识方法需要事先假定一种模型结构,然后通过极小化模型与对象之间的误差准则函数来确定模型的参数。如果模型的结构无法事先确定,则必须先利用结构辨识方法确定模型的结构(如系统阶次、纯延时等),然后进一步确定模型的参数。参数模型辨识方法的工作原理又分为如下 3 类。

① 最小二乘法:利用最小二乘原理,通过极小化广义误差的平方和函数来确定系统模型的参数;

② 梯度校正法:利用最速下降法原理,沿着误差准则函数的模型参数负梯度方向,逐步修改模型的参数估计值,直至误差准则函数达到最小值;

③ 极大似然法:根据极大似然原理,通过极大化似然函数来确定模型的参数。

1.3.3　系统辨识的步骤

根据 L. Ljung 的定义,辨识是利用所观测到的含有噪声的输入、输出数据,按照所选择的原则,从一类模型中确定一个与所测系统拟合匹配性最好的模型。根据现场情况,辨识可以离线进行,也可以在线进行。下面介绍辨识的具体步骤和方法。

(1) 明确系统的模型结构

首先利用先验知识,初步确定模型的结构。在进行系统辨识之前,要尽可能多掌握一些系统的先验知识,如系统为线性或非线性、时变或非时变、比例和积分特性、时间常数、过渡时间、校正频率、时滞、噪声特性、工作环境条件等。这些先验知识对选择系统数学模型的类型和辨识实验设计起到指导性作用。

(2) 设计实验,获取数据

确定一种实验方法,比如时域方法,其输入信号是非周期的,主要采用阶跃和方波(近似脉

冲)函数;也可以采用频域法,输入信号主要为正弦波。然后通过实验,获得系统的输入信号和输出响应。然后对实验数据进行采集和预处理。输入、输出数据中常含有直流成分或低频成分,用任何辨识方法都难以消除其对辨识精度的影响。数据中的高频成分对辨识也有影响。因此,需对输入、输出数据进行零均值化(可采用差分法和平均法等方法)和剔除高频成分(可采用低通滤波器)的预处理,这有助于显著提高辨识精度。

（3）辨识模型

先对模型结构进行辨识。在假定模型结构的前提下,利用辨识方法确定模型结构参数(如阶次、纯延迟等)。在模型结构确定之后,选择估计方法,利用测试数据估计模型中的未知参数。

（4）模型验证

模型辨识出来后,是否可靠必须进行多次验证。通常一个模型用一套数据进行辨识,然后用另一套数据来验证和修改。如果所确定的系统模型合适,则辨识过程就完成了。否则,还必须改变系统的验前模型结构,并且重新执行建模过程,直到获得一个满意的模型为止。

1.3.4 系统辨识算例

假设被测对象是一个黑箱,在数值仿真中,该黑箱是预先设定的,假设黑箱的传递函数为

$$G_1 = \frac{1}{0.2s^2 + 0.5s + 1} \tag{1.3}$$

同时在系统中加入标准差为 0.025 的高斯噪声。

系统辨识的最终结果就是估计一个新的传递函数 G_2,G_2 越接近 G_1,辨识效果越好。

首先,假设系统是线性的,可以用传递函数来表示。然后选择一种输入信号,这里选择单位脉冲,得到脉冲响应曲线,代码如下。

```
G1 = tf(1,[0.2 0.5 1]);
t = 0: 0.1: 6;
in = zeros(61,1);
in(10) = 10;
y = lsim(G1,in,t) + 0.025 * randn(61,1); % 加入高斯噪声
```

其脉冲响应如图 1-12 所示。

由图 1-12 可以看出,系统没有延迟,因此可以假设系统的传递函数为

$$G_2 = \frac{b_0 + b_1 s + \cdots + b_m s^m}{a_0 + a_1 s + \cdots + a_n s^n} \tag{1.4}$$

然后,确定系统模型的阶次。如假设系统阶次为 1 时开始进行辨识,如果辨识效果不好,可以再假设系统阶次为 2 继续辨识,循环往复,直到得到满意的辨识结果。

如果利用实验数据计算出系统阶次,可根据 Hankel 矩阵判定系统阶次。已知系统的脉冲响应序列 $g_0,g_1,\cdots,g_N$,定义 Hankel 矩阵 $\boldsymbol{H}(l,k)$ 为

$$\boldsymbol{H}(l,k) = \begin{bmatrix} g_k & g_{k+1} & \cdots & g_{k+l-1} \\ g_{k+1} & g_{k+2} & \cdots & g_{k+l} \\ \vdots & \vdots & & \vdots \\ g_{k+l-1} & g_{k+l} & \cdots & g_{k+2l-2} \end{bmatrix} \tag{1.5}$$

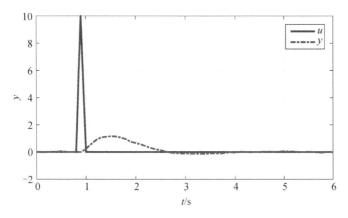

图 1 - 12　黑箱的脉冲响应

倘若 l 大于系统的阶次 n，则 Hankel 矩阵的秩等于系统的阶次 n。当 $l=n+1$ 时，对于所有的 k，Hankel 矩阵的行列式为零。故对于每个 k 值以及不同的 l 值，计算 Hankel 矩阵 $\boldsymbol{H}(l,k)$ 的行列式，就可以判定模型的阶次 n。

实际上，由于存在噪声，当 $l=n+1$ 时，Hankel 矩阵的行列式的值并不恒等于 0，但会突然变小。故必须引入某个准则，以确定显著性水平。针对不同的 l 值可通过计算 Hankel 矩阵的行列式的平均值，然后比较行列式比值 D_l

$$D_l = \left| \frac{\boldsymbol{H}(l,k)}{\boldsymbol{H}(l+1,k)} \right| \tag{1.6}$$

式中，D_l 为最大时的 l 值，即为系统模型的合适阶次。

本例中，同时计算 $\boldsymbol{H}(l,k)$ 和 D_l，代码如下。

```
D = zeros(7,1);
for L = 1: 7
    H_det1 = 0;
for k = 1: 40
        C = y(k: k+L-1);
        R = y(k+L-1: k+2*L-2);
        H = hankel(C,R);
        H_det1 = H_det1 + det(H);
end
    D(L) = H_det1/40;
end
D2D1 = zeros(6,1);
for L = 1: 6
    D2D1(L) = abs( D(L)/ D(L+1));
end
subplot(2,1,1);
plot(D,'LineWidth',2);
xlabel('$ l $','interpreter','latex','FontSize',12);
ylabel('$ H(l,k) $','interpreter','latex','FontSize',12);
hold on;
grid on;
subplot(2,1,2);
plot(D2D1,'LineWidth',2);
```

```
 set(gca,'fontsize',10);
xlabel('$ l $','interpreter','latex','FontSize',12);
ylabel('$ D_l $','interpreter','latex','FontSize',12);
grid on;
```

得到的结果如图 1-13 所示。

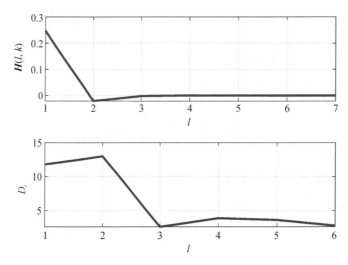

图 1-13 Hankel 矩阵行列式的均值与相邻的比值

由图 1-13 可知,当 $l=2$ 时 D_l 最大,并且当 $l=3$ 时 $\boldsymbol{H}(l,k)\approx0$,所以系统的阶次为 2。因此可以确定系统的传递函数为

$$G_2 = \frac{b_0 + b_1 s}{a_0 + a_1 s + s^2} \tag{1.7}$$

式中,a_0,a_1,b_0,b_1 为待定参数。由此,系统辨识的问题简化为参数辨识问题。可以借用优化的概念来估计上述参数。

首先,搭建 Simulink 文件 SIModel. mdl 如图 1-14 所示:

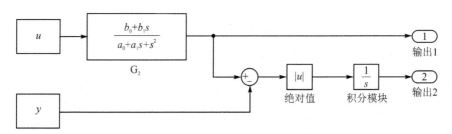

图 1-14 用于辨识的 SIModel. mdl

图 1-14 中,对 G_2 施加单位脉冲激励,得到脉冲响应后与 G_1 的单位脉冲响应相减,并对误差的绝对值进行积分,作为优化的目标函数(也就是等价准则函数)。

然后建立目标函数 M 的文件 GetRspd. m:

```
function y = GetRspd(x)
assignin('base','a0',x(1));
assignin('base','a1',x(2));
```

```
assignin('base','b0',x(3));
assignin('base','b1',x(4));
[T,X,Y] = sim('SIModel');
y = Y(end,2);
```

最后使用 MATLAB 的 fmincon 函数优化：

```
options = optimset('Display','iter');
options = optimset('TolX',1e - 8);
x = fmincon(@(x) GetRspd(x), [1;1;1;1], [], [], [], [], [0.01;0.01; 0.01;0], [100;100;100;
100], [], options)
GetRspd(x)
plot(t,y,'LineWidth',2);
hold on;
[T,X,Y] = sim('SIModel');
plot(t,Y(: ,1),' - .','LineWidth',2);
xlabel('t(s)','FontSize',12);
ylabel('y','FontSize',12);
legend('y','yg');
grid on;
```

得到的拟合结果如图 1 - 15 所示。

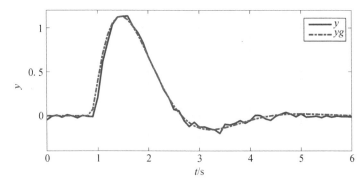

图 1 - 15　使用优化函数 fmincon 得到的拟合结果

最后的辨识结果为

$$G_2 = \frac{0.000\ 6s + 1.013}{0.223s^2 + 0.503s + 1} \tag{1.8}$$

这与 G_1 是比较接近的。

事实上，MATLAB 中有专门的辨识函数可以选用，比如 n4sid，采用子空间法来估计状态空间模型，而状态空间模型可以转化为传递函数。

```
y2 = lsim(G1,in,t) + 0.025 * randn(61,1);    %用于模型检验
dat1e = iddata(y,in,0.1);
dat1v = iddata(y2,in,0.1);
m1 = n4sid(dat1e,'best')                      %子空间法来估计状态空间模型
compare(dat1v,m1)                             %模型检验
mc = d2c(m1);                                 %离散模型转化为连续模型
idtf(mc)                                       %状态空间模型转化为传递函数
```

得到的辨识模型为

$$G_2 = \frac{-4.855 \times 10^{-3} s + 4.772}{s^2 + 2.408s + 4.816} \tag{1.9}$$

其脉冲响应如图 1-16 所示：

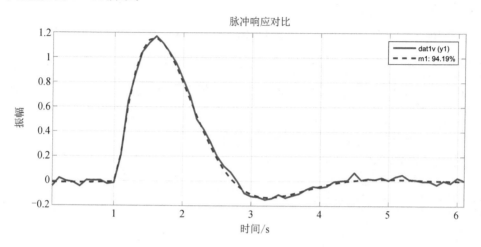

图 1-16　通过 n4sid 辨识的模型的脉冲响应

由图可知，数据匹配度为 94.19%。

还可以使用 ssest 函数直接获得连续系统的模型：

```
m5 = ssest(dat1e,2);  % 系统阶数为 2
present(m5);
idtf(m5)
```

另外，MATLAB 中还提供了辨识工具。单击 MATLAB ⟩ Apps ⟩ System Identification（见图 1-17），在 Import Data 下拉菜单中选择 Time-Domain Signals，输入工作空间中相应数据名称和采样间隔，点击 Import 后关闭数据输入窗口，然后选择 Estimate 下拉菜单，选择 Transfer Functions Models（见图 1-18），设置好零极点个数后点击 Estimate 就可以得到辨识后的模型。单击 Model Output 复选框，就可以等到测量结果与辨识模型冲击响应的对比结果（见图 1-19）。

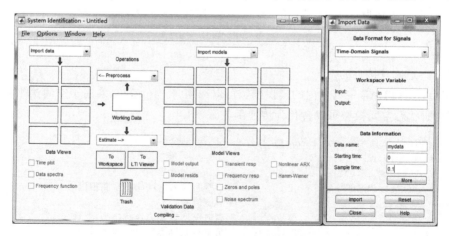

图 1-17　System Identification 工具

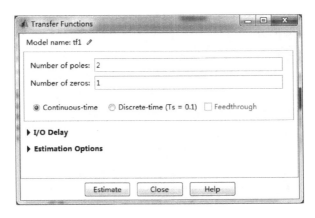

图 1-18　传递函数辨识设置

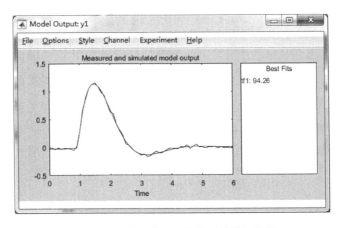

图 1-19　使用辨识工具得到的辨识结果

1.4　PID 控制基础知识

1.4.1　PID 控制综述

当今的自动控制技术大部分是基于反馈理论的。反馈理论包含 3 个基本要素：测量、比较和执行。测量关注的是被控的输出变量，并与期望值相比较，通过差值来纠正和调节控制系统的响应。反馈理论及其在自动控制中应用的关键是在正确测量与比较后，确定如何用于系统的纠正与调节。

在过去的几十年里，比例–积分–微分（Proportional-Integral-Derivative，PID）控制器在工业控制中得到了广泛应用。在控制理论和技术飞速发展的今天，工业过程控制中 95% 以上的控制回路都具有 PID 结构，并且许多高级控制都是以 PID 控制为基础的。PID 控制器简单易懂，使用时不需要精确的系统模型等先决条件，因而成为应用最广泛的控制器[10]。

理想的 PID 控制器是用模拟电路实现的，每个参数都有具体的物理意义，其公式为

$$u(t) = K_p \left[e(t) + \frac{1}{T_i} \int_0^t e(t)\mathrm{d}t + T_d \frac{\mathrm{d}e(t)}{\mathrm{d}t} \right] \tag{1.10}$$

式中，K_p 为比例放大系数；T_i 为积分时间常数；T_d 为微分时间常数；$e(t)=r(t)-y(t)$ 为系统输入和输出在 t 时刻的偏差。

PID 控制器也写成并行形式：

$$u(t)=K_p e(t)+K_i \int_0^t e(t)\mathrm{d}t+K_d \frac{\mathrm{d}e(t)}{\mathrm{d}t} \tag{1.11}$$

对于一个被控对象，搭建的 PID 控制框图如图 1-20 所示。

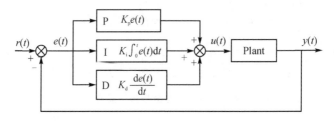

图 1-20　PID 控制器框图

PID 控制器中，比例项 $K_p e(t)$ 是对当前时刻误差的放大，体现当前误差的状况；积分项 $K_i \int_0^t e(t)\mathrm{d}t$ 是对过去时段内误差的积分，反映过去误差的状况；微分项 $K_d \frac{\mathrm{d}e(t)}{\mathrm{d}t}$ 是对当前时刻误差的微分，即误差的导数，是对未来误差变化的预测，反映未来误差的状况。P，I，D 三项相加，覆盖了整个时域，调节三个增益，可以灵活地调整系统的动态响应，达到预期指标。

为了便于表达和分析，PID 控制器常常书写成传递函数的形式，一种是理想 PID

$$G(s)=\frac{U(s)}{E(s)}=K_p\left[1+K_i\frac{1}{s}+K_d s\right] \tag{1.12}$$

另一种是并行 PID

$$G(s)=\frac{U(s)}{E(s)}=K_p+K_i\frac{1}{s}+K_d s \tag{1.13}$$

由于纯微分环节物理上无法实现，而简单的差分计算会放大噪声，所以常常将 PID 的微分部分改写变成带惯性的 PID 控制器：

$$G(s)=\frac{U(s)}{E(s)}=K_p+K_i\frac{1}{s}+K_d\frac{s}{\frac{1}{N}s+1} \tag{1.14}$$

式中，N 为比较大的正数，有时被称为一阶滤波器系数，或者称 $\frac{1}{N}$ 为惯性环节的时间常数。

1.4.2　PID 控制器的特点

根据被控对象的特点和控制指标，PID 控制器可以设计成多种形式，包括 P 控制，PD 控制，I 控制，PI 控制和 PID 控制。

1. P 控制

P 控制（比例控制）是一种最简单的控制形式（见图 1-20），去掉积分项和微分项，可知 P 控制器的传递函数为

$$G_c(s)=\frac{U(s)}{E(s)}=K_p \tag{1.15}$$

对于单位反馈系统,0 型系统响应单位阶跃信号的稳态误差为

$$e_{ss} = \lim_{x \to \infty} = \frac{1}{1 + K_p} \tag{1.16}$$

P 控制只改变系统的增益而不影响相位,它对系统的影响主要反映在系统的稳态误差和稳定性。增大比例系数可以提高系统的开环增益,减少系统的稳态误差,从而提高系统的控制精度,同时增加系统的启动速度,快速性提高,但这会削弱系统稳定性,甚至会造成系统不稳定。

给定被控对象的开环传递函数为

$$G_p(s) = \frac{1}{(0.1s + 1)(s^2 + 1.2s + 1)} \tag{1.17}$$

则采用 P 控制的闭环系统框图如图 1 - 21 所示。

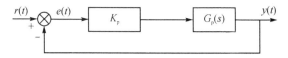

图 1 - 21　P 控制框图

当 K_p 分别取 0.1,0.5,1.5,9 时,绘制系统的单位阶跃响应曲线,MATLAB 代码如下:

```
G = tf(1,conv([0.1 1],[1 1.2 1]));
kp = [0.1 0.5 1.5 9];
for i = 1: length(kp)
    sys = feedback(kp(i) * G,1);
    step(sys);
    holdon;
end
for i = 1: length(kp)
    gtext(['kp = ' num2str(kp(i))]);
end
```

运行程序,得到响应曲线如图 1 - 22 所示。

由图可知,随着比例系数的增大,系统响应速度逐渐提高,超调量逐渐增加,稳态误差逐渐减小。但是,当比例系数增加到一定值后,系统会产生震荡,最后会导致系统不稳定。

2. PD 控制

PD 控制器的传递函数为

$$G_c(s) = \frac{U(s)}{E(s)} = K_p + K_d s \tag{1.18}$$

微分项的输出与误差的变化率成正比,用于反映误差的变化规律。只有当误差随时间变化时,微分控制才会对系统起作用,对无变化或缓慢变化的对象不起作用。因此,微分控制在任何情况下都不能单独与被控对象串联使用,而只能构成 PD 控制或 PID 控制。

自动控制系统在减小误差的调节过程中可能会出现振荡甚至不稳定,这是由于组件的较大惯性虽具有抑制误差的作用,但抑制作用总是落后于误差的变化。解决的方法是使抑制误差的变化超前,即在误差接近零时,抑制误差的作用应该是零。所以,控制器中仅引入比例项是不够的,需要增加微分项,用于预测误差变化的趋势。这样具有"比例＋微分"的控制器,可提前使抑制误差为零,甚至为负值,从而避免被控量的严重超调。因此,对有较大惯性或滞后

的被控对象,PD 控制器能改善系统调节过程中的动态特性。

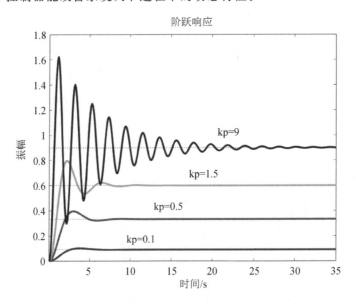

图 1-22 P 控制的阶跃响应

另外,微分控制对纯滞后环节不仅无法改善控制品质的作用,且具有放大高频噪声信号的缺点。

搭建 PD 控制系统如图 1-23 所示。

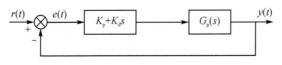

图 1-23 PD 控制框图

其中 $G_p(s) = \dfrac{1}{(0.1s+1)(s^2+1.2s+1)}$,这里取 $K_p = 5$,K_d 分别取 $0,0.8,2,6$,绘制系统的单位阶跃响应曲线,MATLAB 代码如下:

```
G = tf(1,conv([0.1 1],[1 1.2 1]));
kp = 5;
kd = [0 0.8 2 6];
for i = 1: length(kd)
    G1 = tf([kd(i) kp],1);
    sys = feedback(G1 * G,1);
    step(sys);
    hold on;
end
for i = 1: length(kd)
    gtext(['kd = ' num2str(kd(i))]);
end
```

运行程序,得到响应曲线如图 1-24 所示。

由图可知,仅有比例控制时系统阶跃响应有相当大的超调量和较强烈的振荡,随着微分作

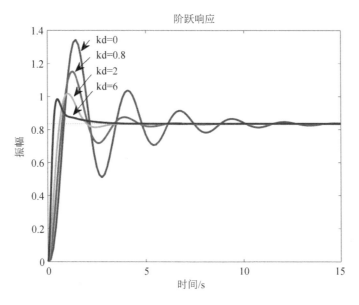

图 1 - 24　PD 控制的阶跃响应

用的加强,系统的超调量减小,稳定性提高,上升时间减小,快速性提高。

3. I 控制

I 控制器的传递函数为

$$G_c(s) = \frac{U(s)}{E(s)} = \frac{K_i}{s} \tag{1.19}$$

对于一个自动控制系统,如果在进入稳态后存在稳态误差,该控制系统称为有稳态误差的系统,简称有差系统。为了消除稳态误差,在控制器中必须引入积分项。积分项的大小取决于时间的积分,随着时间的增加,积分项会增大。故即使误差很小,积分项也会随着时间的增加而加大,进而推动控制器的输出增大,使稳态误差进一步减小,直到等于零。

通常,采用积分控制的主要目的是使系统无稳态误差,由于积分引入的相位滞后,所以会使系统稳定性变差。增加积分控制相当于在系统中加入了极点,虽可消除稳态误差,但这对瞬时响应会造成不良影响(甚至造成不稳定)。因此,积分控制一般不单独使用,通常结合 P 控制器构成 PI 控制器。

4. PI 控制

PI 控制器的传递函数为

$$G_c(s) = \frac{U(s)}{E(s)} = K_p + \frac{K_i}{s} \tag{1.20}$$

PI 控制器可以使系统进入稳态后无稳态误差。

PI 控制器与被控对象串联连接后,相当于系统中增加了一个位于原点的开环极点,同时也增加了一个位于 s 左半平面的开环零点。位于原点的开环极点可以提高系统的型号,可消除或减小系统的稳态误差,改善系统的稳态性能。而增加的负实部零点则可减小系统的阻尼比,减小 PI 控制器极点对系统稳定性及动态过程的不利影响。在实际工程中,PI 控制器通常用来改善系统的稳态性能。

加入 PI 控制后,系统从 0 型提高到 1 型,系统的稳态误差得以消除或减小,但相位裕量有所减小,稳定程度变差。因此,只有稳定裕量足够大时才采用 PI 控制。

搭建 PI 控制系统如图 1-25 所示。

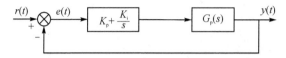

图 1-25　PI 控制框图

其中 $G_p(s) = \dfrac{1}{(0.1s+1)(s^2+1.2s+1)}$,这里取 $K_p = 5$,K_i 分别取 $0,1,3$,绘制系统的单位阶跃响应曲线,MATLAB 代码如下:

```
G = tf(1,conv([0.1 1],[1 1.2 1]));
kp = 5;
ki = [0 1 3];
for i = 1: length(ki)
    G1 = tf([kp ki(i)],[1 0]);
    sys = feedback(G1 * G,1);
    step(sys);
    hold on;
end
for i = 1: length(ki)
    gtext(['ki = ' num2str(ki(i))]);
end
```

运行程序,得到响应曲线如图 1-26 所示。由图可以看出,随着积分作用的增加,闭环系统的稳定性变差。

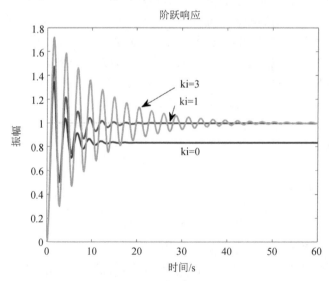

图 1-26　PI 控制的阶跃响应

5. PID 控制

PID 控制器的传递函数为

$$G_c(s) = \frac{U(s)}{E(s)} = K_p + \frac{K_i}{s} + K_d s \tag{1.21}$$

与 PI 控制器相比,PID 控制器除了同样具有提高系统稳态性能的优点外,还多提供了一个负实部零点,因此在提高系统动态性能方面具有更大的优越性。在实际工程中,PID 控制被广泛应用。

PID 控制通过积分作用消除误差,而微分控制可缩小超调量、加快系统响应,PID 控制是综合了 PI 控制与 PD 控制的优点并去除其缺点的控制。从频域角度来看,PID 控制通过积分作用于系统的低频段,以提高系统的稳态性能,而通过微分作用于系统的中频段,以改善系统的动态性能。如果微分项采用带惯性的微分环节,那么 PID 高频段的特性是抑制高频干扰,提供抗干扰能力。

搭建 PI 控制系统如图 1 - 27 所示。

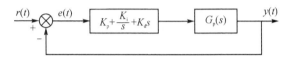

图 1 - 27　PID 控制框图

其中 $G_p(s) = \dfrac{1}{(0.1s+1)(s^2+1.2s+1)}$,这里取 $K_p = 12, K_i = 7, K_d = 8$,绘制系统的单位阶跃响应曲线,MATLAB 代码如下:

```
G = tf(1,conv([0.1 1],[1 1.2 1]));
kp = 12;
ki = 7;
kd = 8;
G1 = tf([kd kp ki],[1 0]);
sys = feedback(G1 * G,1);
step(sys);
```

运行程序,得到响应曲线如图 1 - 28 所示。

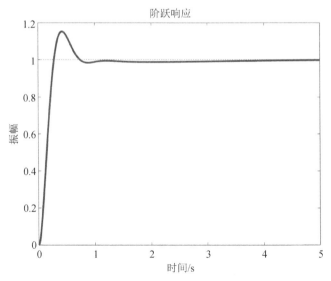

图 1 - 28　PID 控制的阶跃响应

由图可知,PID 控制的效果很好地兼顾了稳(稳定)、快(快速)、准(准确)三项性能。K_p, K_i, K_d 三个控制系数的选取方法,将在下一小节中介绍。

1.4.3 PID 控制器的参数整定

当控制系统中的被控对象、检测变送器、执行器和控制方案都已经确定,系统的控制品质就取决于调节器各个参数值的设定,PID 控制器参数的整定就是确定最佳过渡过程中控制器的三个系数 K_p, K_i, K_d 的具体数值。

目前常采用的参数整定方法如下。

① 理论整定法:常见的对数频率特性法、根轨迹法等,上述方法均需要获取被控对象的动态特性,而且比较费时,因而在实际工程中采用不多。

② 工程整定法:常见的有试凑法、衰减曲线法、临界比例度法、响应曲线法等。上述不需要获取被控对象的精确动态特性,而直接在闭环控制系统中进行参数整定,方法简单、方便,适合在工程上使用[11]。

1. 试凑法

通常凑试的过程是按照先比例(P)、再积分(I)、最后微分(D)的顺序,具体步骤如下所示:

① 先置 $K_i=0$, $K_d=0$,在 K_p 经验值设置的初值条件下,将系统投入运行,整定 K_p,求得满意的 4:1(定值控制系统)或 10:1(随动控制系统)的过渡过程响应曲线。

② 引入积分作用,将 K_i 由小到大进行整定。

③ 若需引入微分作用时,则将 K_d 按经验值设置,并由小到大加入。

该方法简单、方便、可靠,对响应曲线较不规则的控制系统、外界干扰频繁的系统比较适合,但这种方法主要靠经验,参数试凑较费时间。

2. Ziegler-Nichols 整定法

1942 年 Ziegler 与 Nichols 提出了一种 PID 整定方法,该方法的被控对象必须是如下形式:

$$G(s) = \frac{K}{Ts+1} e^{-\tau s} \tag{1.22}$$

如果不是上述形式,则必须将原系统拟合成以上形式。确定 K, T, τ 后,可以使用表 1-2 所列来确定 PID 的三个系数。注意,这里的 PID 控制器,采用经典形式,即 $G(s) = \dfrac{U(s)}{E(s)} = K_p \left[1 + \dfrac{1}{T_i s} + T_d s \right]$。

表 1-2 Ziegler-Nichols 整定公式

控制规律	K_p	T_i	T_d
P	$\dfrac{T}{K\tau}$	—	—
PI	$0.9 \dfrac{T}{K\tau}$	3.3τ	—
PID	$1.2 \dfrac{T}{K\tau}$	2.2τ	0.5τ

随着算法的不断改进,出现了不同的整定 PID 参数的算法,其中 Cohen-Coon 整定公式与传统的 Ziegler-Nichols 整定公式很相似,只要知道 K ,T ,τ 就可以直接求得 PID 参数,公式如表 1 - 3 所列。

表 1 - 3　Cohen-Coon 整定公式

控制规律	K_p	T_i	T_d
P	$\dfrac{T}{K\tau}\left(1+\dfrac{\tau}{3T}\right)$	—	—
PI	$\dfrac{T}{K\tau}\left(0.9+\dfrac{\tau}{12T}\right)$	$\tau\left(\dfrac{30+3\tau/T}{9+20\tau/T}\right)$	—
PID	$\dfrac{T}{K\tau}\left(\dfrac{4}{3}+\dfrac{\tau}{4T}\right)$	$\tau\left(\dfrac{32+6\tau/T}{13+8\tau/T}\right)$	$\tau\left(\dfrac{4}{11+2\tau/T}\right)$

3. 临界比例度法

比例度又称比例带,是调节器放大倍数 K_p 的倒数。临界比例度法是一种闭环的参数整定方法。该方法基于纯比例控制系统临界振荡的试验数据(临界比例带 δ_k)和临界振荡周期 T_k ,采用一些经验公式,获取控制器的最佳参数整定值,具体整定步骤如下:

① 在构成闭环的控制系统中,将控制器置于纯比例作用,从大到小逐渐改变控制器的比例度 δ ,直到系统出现如图 1 - 29 所示的等幅振荡的过渡过程。此时的比例度称为临界比例度(记为 δ_k),相邻两个波峰间的时间间隔称为临界振荡周期(记为 T_k)。

② 根据临界比例度 δ_k 和临界振荡周期 T_k 的值,按表 1 - 4 所列的经验公式,计算控制器的最佳整定参数。

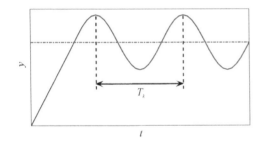

表 1 - 4　临界比例度整定公式

控制规律	比例度 δ	T_i	T_d
P	$2\delta_k$	—	—
PI	$2.2\delta_k$	$0.85T_k$	—
PID	$1.7\delta_k$	$0.5T_k$	$0.125T_k$

图 1 - 29　闭环系统的临界震荡过程

临界比例度法整定控制器参数时的注意事项包括以下几点:

① 控制规律的确定按"先 P 后 I 最后 D"的操作程序将控制器参数整定到最佳参数值上。

② 由于被控对象特性的不同,按上述经验公式求得的控制器参数不一定都能获得满意的动、静态特性,为此可将计算值作进一步调整。比如,控制系统的超调量或最大偏差较大时,可将计算的比例度增大 1.5 倍左右。

③ 对于有些过程控制系统(锅炉水位控制或时间常数较大的被控对象),临界比例度很小,使系统接近"Bangbang 控制",调节阀不是全关就是全开,对工业生产不利。

④ 对于有的过程控制系统,当调节器比例度 δ 调到最小刻度值时,系统仍不产生等幅振荡。对此,将最小刻度的比例度作为临界比例度 δ_k 进行控制器参数整定。

4. 衰减曲线法

衰减曲线法也是一种闭环的参数整定方法,是基于控制系统过渡过程响应曲线的衰减比为 4∶1(定值控制系统)或 10∶1(随动系统)的试验数据,利用一些经验公式,确定控制器的最佳参数值。具体整定的步骤如下:

① 首先将过程控制系统中控制器参数置成纯比例作用,使系统投入运行。

② 待系统稳定后,作设定值的阶跃扰动,并观测系统的响应曲线。同时调整比例度的变化,直到系统响应曲线出现 4∶1(或 10∶1)的衰减过程曲线,如图 1-30 所示。此时的比例度为 4∶1(或 10∶1)衰减比例度子 δ_s,两个相邻波峰间的时间间隔称为 4∶1(或 10∶1)的衰减振荡周期 T_s。

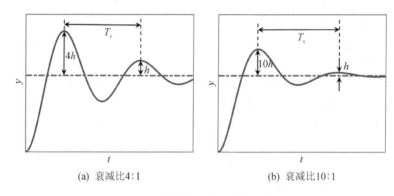

(a) 衰减比 4∶1   (b) 衰减比 10∶1

图 1-30 扰动阶跃响应曲线衰减过程

③ 利用 δ_s 和 T_s 的值,按表 1-5 给出的经验整定公式,求取控制器的最佳参数整定值。

表 1-5 衰减曲线法整定公式

衰减比	控制规律	比例度 δ	T_i	T_d
4∶1	P	δ_s	—	—
	PI	$1.2\delta_s$	$0.5T_s$	—
	PID	$0.8\delta_s$	$0.3T_s$	$0.1T_s$
10∶1	P	δ_s	—	—
	PI	$1.2\delta_s$	$2T_s$	—
	PID	$0.8\delta_s$	$1.2T_s$	$0.4T_s$

5. 优化法

PID 参数整定的目的是使系统有一个好的控制品质,如果这种控制品质可以量化,或者可以表示成一个目标函数,那么 PID 参数整定就可以转化为一个优化问题。从时域上看,控制品质一般要求稳、快、准,这 3 个定性指标可以在系统的阶跃响应中体现(见图 1-31)。图中(a)快而不稳,图(b)稳而不快,图(c)不准,图(d)同时实现了稳、快、准。对比这 4 幅图中填充部分的面积,可以提出兼顾稳、快、准的一个量化指标:

$$\mathrm{IAE} = \int_0^t |e| \, \mathrm{d}t \tag{1.23}$$

这里,IAE 的意思是绝对误差积分(Integral Absolute Error)。很明显,IAE 越小,控制品质越好。

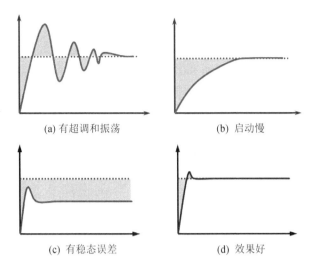

(a) 有超调和振荡　　　　　　　　(b) 启动慢

(c) 有稳态误差　　　　　　　　　(d) 效果好

图 1 - 31　系统阶跃响应的形态

对 $G_p(s) = \dfrac{1}{(0.1s+1)(s^2+1.2s+1)}$ 设计 PID 控制器，并使用 MATLAB 中的优化函数 fmincon 对闭环系统进行优化，MATLAB 代码如下：

```
G = tf(1,conv([0.1 1],[1 1.2 1]));
[X,FVAL] = fmincon(@(PID_Para) PID_Opt_Index(G,PID_Para),…
    [5 2 1],[],[],[],[],[0.01 0 0],[10 10 10],[]);
kp = X(1);
ki = X(2);
kd = X(3);
Gc = tf([kd kp ki],[1 0]);
sys_cl = feedback(Gc * G,1);
step(sys_cl);

% Optimization Index
function Index = PID_Opt_Index(G,PID_Para)
kp = PID_Para(1);
ki = PID_Para(2);
kd = PID_Para(3);
Gc = tf([kd kp ki],[1 0]);    % PID Controller
sys_cl = feedback(Gc * G,1);   % Closed loop system
[y,t] = step(sys_cl);
K_DC = dcgain(G);
Index = trapz(t,abs(y - K_DC)); % Integral absolute error
end
```

这里，fmincon 使用的是序列二次规划算法，它可以优化求解多过程约束、多终端约束和多优化变量的最小值问题。指令形式有如下形式：

```
[x,fval,exitflag,output] = fmincon(@objfun,x0,[],[],[],[],lb,ub,@confun,options);
```

x0 为优化变量的初值，objfun 为目标函数，x 为求得的函数，objfun 为待计算的目标函数，confun 为过程约束和终端约束的计算函数，lb 和 ub 分别为优化变量的下界和上界，x 为优化计算后获得的最优值对应的 fval 为函数的最小值。更详细的指令形式请参考 MATLAB 帮助文档。

运行程序,得到响应曲线如图 1－32 所示。对应的 PID 控制器参数分别为：$K_p = 5.67$，$K_i = 6.17, K_d = 6.02$。系统品质兼顾到了稳、快、准。

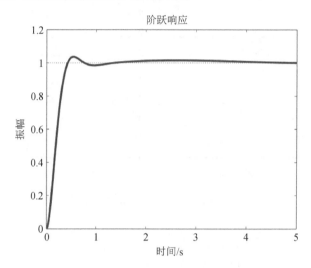

图 1－32 优化后的 PID 控制系统阶跃响应

除了 IAE,系统品质的量化指标还有很多,比如：

平方误差积分：$ISE = \int_0^t e^2 dt$

时间乘平方误差积分：$ITSE = \int_0^t te^2 dt$

时间乘绝对误差积分：$ITAE = \int_0^t t|e| dt$。

1.5 HIL 仿真实验

1.5.1 基于 Simulink Real-Time 的实时仿真

1. 实验目的

了解实时仿真和非实时仿真,学习 Simulink 和 Simulink Real-Time 的使用方法。

2. 实验内容

利用 Simulink 搭建一个信号生成、显示和保存的模型,利用 Simulink Real-Time 实现实时仿真。

3. 实验原理与基础知识

本实验所用的软件是 MATLAB/Simulink,要使仿真满足实时性,还需要一个专用工具,Simulink Real-Time,该工具是 Simulink 下的一个子模块,可提供多种硬件接口、板卡驱动。利用 Simulink Real-Time,可对 Simulink 模型文件进行扩展,也可添加硬件模块,自动生成实时仿真程序,在专用的目标机上运行实时程序,实现控制方案的快速成型、DSP 与视觉系统快速成型以及硬件在回路仿真。

Simulink Real-Time 的主要包括如下特点：

① 可以使用一个实时内核，运行来自 Simulink 和 Stateflow 的模型。

② 支持任何台式 PC 机、PC/104、CompactPCI、工业 PC 或 SBC（单板机）作为实时目标系统。

③ 支持自定义虚拟仪器。

④ 依靠处理器的高性能水平，采样率可达到 100 kHz。

⑤ 扩展了 I/O 驱动设备库，现已支持超过 150 种标准 I/O 板。

⑥ 可以接收来自主机或目标机的信号，也可以动态调整参数。

⑦ 主机和目标机通过 TCP/IP 或 RS232 协议进行通信（直接连接，局域网或 Internet）。

⑧ 用户可以自行开发图形界面，以访问信号和数据。

⑨ 使用 Simulink Real-Time Embedded Option，能针对独立操作进行系统配置。

⑩ 可以通过 MATLAB 命令行接口实现对目标应用程序的控制。

Simulink Real-Time 功能强大。在上位机上运行 MATLAB，Simulink，RTW 和 Simulink Real-Time，可生成一个实时应用程序，而另一台目标机启动装入 Simulink Real-Time 实时内核后，可以编译并下载 Simulink 和 RTW 的应用程序到目标机。

在 MATLAB 中使用命令行或 Simulink Real-Time 的图形交户界面对程序的执行进行控制。在程序执行期间，可以交互地调整模型参数。信号绘图功能可以动态观察信号波形。在目标机配置有监视器的条件下，使用 TargetScope 功能可在目标机上直接观察输出信号以及目标机的各种状态量。在目标机上运行 Simulink Real-Time 不会影响已经安装在目标机硬盘上的其他应用程序。一旦重新启动目标机，就可以重新恢复目标机的通常应用（如 Windows 等操作系统和应用软件）。Simulink Real-Time 也不访问目标机的硬盘。

实现和目标机通信的第一种方法是通过面向对象的 MATLAB 命令行。可以使用命令行交互地把命令从 MATLAB 发送到目标机上；也可以将命令写到一个 M 文件中，详细定制一个自动批处理过程。这些特点使 Simulink Real-Time 的使用更加简单，也使整个仿真实验环境更加合理。

4. 实验步骤

参见 1.1.4 中的步骤，建立一个具有周期信号（正弦波、三角波、矩形波等）的模型，分别进行非实时仿真和实时仿真。

5. 实验报告

① 给出搭建的仿真模型，绘制非实时仿真结果。

② 进行实时仿真，读取下位机的仿真数据，绘制实时仿真结果。

③ 对下位机显示结果进行截屏（查看 Simulink Real-Time 的 help）。

④ 提出对本实验的意见或建议。

1.5.2　基于 Simulink Real-Time 的虚拟仪器设计

1. 实验目的

① 了解虚拟仪器的基本知识。

② 学习 Simulink Real-Time 中的虚拟仪器设计方法。

2. 实验内容

① 学习虚拟仪器的发展、构成、特点等相关知识。

② 在 Simulink Real-Time 中搭建虚拟仪器面板。

③ 利用虚拟仪器控制模型的实时运行。

④ 整理实验数据，撰写实验报告。

3. 实验步骤

(1) 知识学习

① 虚拟仪器的基本知识。

② Simulink Real-Time 中的虚拟仪器设计方法，参加附录 B：Simulink Real-Time 下的虚拟仪器设计。

(2) 自主实验

① 设计虚拟仪器面板。

② 将虚拟仪器面板与上一实验中的实时信号相连，组成实时仪器。

注意：同学们要发挥出主动性，积极思考，解决过程中出现的各种问题。老师帮助同学理清思路，并负责具体的技术指导。

4. 实验报告

① 给出自主设计的虚拟仪器面板截图。

② 说明自主设计的虚拟仪器的工作原理。

③ 查阅相关资料，展望虚拟仪器的发展趋势。

④ 提出对本实验的想法和建议。

1.5.3 导弹控制系统开环模型性能测试

1. 实验目的

① 复习和巩固导弹专业课程的有关内容。

② 学习 Simulink 和 Simulink Real-Time 的使用方法。

③ 掌握导弹导引动力学仿真实验平台的基本原理及使用方法。

2. 实验内容

① 学习导弹导引动力学基础知识。

② 了解导引动力学仿真实验平台的结构、使用方法与仿真工作环境。

③ 测试导弹控制系统开环模型的性能，初步拟定设计方案。

④ 整理测试数据，撰写实验报告。

3. 实验原理与基础知识

参见附录 C：导引动力学仿真教学实验平台的使用方法。

4. 实验步骤

(1) 知识学习

① 导弹导引动力学基础知识。

② 导引动力学仿真平台使用方法。

③ PWM 控制原理、码盘测速原理。

（2）自主实验

① 参观导弹实验室导引头仿真转台，比较与本实验平台的差异，相互印证复习所学专业知识。

② 对教学实验平台的目标、导弹物理模型做开环性能测试，记录数据，分析结果。

5. 实验报告

① 绘制导弹导引头开环系统和单位反馈响应曲线。

② 计算导弹导引头系统性能，要求得到超调量（如果有的话）、峰值时间、调节时间、稳态误差等性能参数。

③ 写出实验后的学习体会，谈谈自己对要设计的交战仿真的想法，初步拟定设计思路。

1.5.4　导引头动力学模型参数辨识

1. 实验目的

① 了解系统辨识的基本知识。

② 学习参数辨识的基本方法。

2. 实验内容

① 学习系统辨识的相关知识。

② 推导导引头动力模型的传递函数。

③ 利用上一实验中测得的导引头响应曲线，对导引头模型进行参数辨识。

④ 整理实验数据，撰写实验报告。

3. 实验步骤

（1）知识学习

① 系统辨识的基本知识。

② 导引头动力学建模方法。

③ 如何利用寻优方法进行参数辨识。

（2）自主实验

① 确定导引头动力学模型的系统结构。

② 结合实验测得的响应曲线，利用寻优方法进行参数辨识。

4. 实验报告

① 推导导引头动力模型的传递函数。

② 利用测得的一组响应曲线，对导引头模型进行参数辨识，给出辨识结果。

③ 利用另一响应曲线对辨识后的模型进行验证，分析差异的产生原因。

④ 提出对本实验的想法和建议。

1.5.5　PID 控制器设计与检验

1. 实验目的

① 复习 PID 控制、设计目标和导弹的 PID 控制器。

② 测试目标和导弹正弦响应性能。

2. 实验内容

① 进一步学习导弹导引动力学基础知识。

② 利用 PID 控制方法,设计实现角度的 PID 控制。

③ 将正弦信号输入搭建好的目标和导弹控制回路,测试响应性能。

④ 整理实验数据,撰写实验报告。

3. 实验原理与基础知识

参见 1.4 PID 控制基础知识。

4. 实验步骤

(1) 知识学习

① PID 控制技术与调节方法。

② 目标角位置 PID 控制器设计。

(2) 自主实验

① 设计目标 PID 控制器,调整控制参数,以使目标能稳定快速地跟踪指定的角位置。

② 将设计好的 PID 控制器加入仿真实验平台,将控制模型中的模拟模块换成真正的实验转台模块,编译、下载、执行。

③ 将阶跃信号输入搭建好的目标以及导弹控制回路,测试响应性能。

注意:同学们要发挥主观能动性,认真思考,解决实验过程中出现各种的问题。老师帮助同学理清思路,并负责具体的技术指导。

5. 实验报告

① 利用上一实验中辨识出来的导引头动力学模型,设计导引头角位置的 PID 控制器,给出控制器参数,说明调节过程并绘出原理图。

② 将设计好的 PID 控制器应用于物理转台,比较控制效果,如果控制效果不好,分析其原因,并重新整定 PID 参数。

③ 给出角位置由 $0°$ 到 $90°$ 的阶跃响应曲线,计算并分析目标角位置控制系统性能,要求得到调节时间、稳态误差、绝对误差积分等性能参数。

④ 某导弹由舵偏角变化引起的高度变化的传递函数为

$$W_g(s) = \frac{H(s)}{\delta(s)} = \frac{0.89(4s^2 + 4s + 1)}{s^2(2.5s + 1)}$$

设计 PID 控制器,并绘制控制系统的阶跃响应曲线和 Bode 图,给出系统的稳定裕度。

⑤ 写出学习体会,谈谈对自身实践能力的帮助以及相关的设计问题。

1.5.6 导弹半实物交战仿真实验

1. 实验目的

① 复习电视制导和导弹导引控制律的知识。

② 搭建、设计制导系统,将实物引入制导回路,建立目标和导弹模型的联系。

③ 选择目标运动规律、导弹导引控制律,设计并实现导弹与目标的交战仿真。

2. 实验内容

① 进一步学习导弹导引动力学基础知识。

② 给定初始条件,选择导引控制律搭建制导系统模型。将实物引入交战模型中,实现硬件在回路仿真,即半物理(或半实物)仿真。

③ 获得效能指标,分析脱靶量的影响因素。

④ 整理实验数据,撰写实验报告。

3. 实验原理与基础知识

参见附录 D:电视制导硬件在回路仿真流程。

4. 实验步骤

(1) 知识学习

① 电视制导基本原理。

② 导弹制导律研究。

③ 物理、半物理与全数字仿真。

(2) 自主实验

① 选择导引控制律,搭建制导系统模型。

② 将选择好的信号输入搭建好的制导回路,测试响应性能,获得脱靶量等效能指标。

注意:同学们要发挥出主观能动性,认真思考,解决实验过程中出现的各种问题。老师帮助同学理清思路,并负责具体的技术指导。

5. 实验报告

① 给出确定的目标运动规律和导弹导引控制律,说明选择理由。

② 绘出控制效果图。

③ 绘出理论与实际的视线角速度图、交战图、导弹机动图。

④ 获得效能指标,分析脱靶量的来源、大小与影响因素。

⑤ 写出学习体会,全面总结仿真实验。

第 2 章　弹箭质量特性

2.1　弹箭质量特性测量方法综述

质量特性参数是导弹总体设计和飞行控制的重要参数。质量、质心和转动惯量的精度直接影响到弹道和姿态控制的准确性,精确测定导弹的质量、质心和转动惯量,对于准确分析导弹的搭载能力、控制飞行姿态、提高弹道控制精度、提升导弹的总体作战性能等都具有重要的意义。然而随着作战性能日益提升,导弹结构也变得复杂,通过理论计算已经很难获得导弹的质量特性参数。目前主要通过实验使用仪器来测量导弹的质量、质心和转动惯量。

2.1.1　质量/质心测量方法

目前国内外的质量、质心测量方法主要有多点称重法、非平衡力矩法、质心重定位法(也称机械重定位法)、旋转平衡法和转动惯量法等。质心重定位法因调整费时,特别是较大的导弹很难调整,且该方法的测量精度与测量者的技巧有很大关系,该方法目前已不常用[12]。后两种方法在测量精度、操作难易程度和量程适应范围上存在一定劣势,现基本已被淘汰。国内外现在普遍应用的导弹质量/质心测量方法是多点称重法和非平衡力矩法[13][14]。

1. 多支点称重法

多支点称重法用 3 个或者更多的压力传感器共同支撑测量台,质心位置通过求解各个支点压力的力矩平衡方程获得。在过去由于这种方法受到压力传感器精度的限制,并不适用于飞行器质量特性的测量。1988 年,美国 Space Electronics Inc,Product&Services 发明了力矩反馈平衡技术,并将其应用到质量/质心的测量中,使得质量的测量误差减小为原来的 1/30,由此多支点称重法的测量精度得到很大提升,并获得了广泛的应用。多支点称重法的导弹质量/质心测量系统组成如图 2-1 所示。

基于多支点称重法的测量仪器可以同时测得导弹的质量,其量程也比较大,可以测量较大的试件。合理选择压力传感器的精度,该测量仪器对于大中型导弹的纵向测量精度可达 0.5 mm,径向测量精度可达 0.2 mm,通常情况下满足导弹质心测量精度的要求[12][15]。

下面以 4 点法为例讲解多支点称重法的原理。4 点法中质量/质心测量是通过 4 个称重感应器共同完成的,称重传感器在平台上的垂直投影如图 2-2 所示。

OX,OZ 为测量台参考轴,原点 O 为测量台的定位中心,其中 1,2,3,4 分别表示 4 个称重传感器和上平台的接触点。i 表示传感器编号($i=1,2,3,4$),(a_i,b_i)表示传感器的位置坐标,导弹质心在测量台参考坐标系的坐标为(x_c,y_c,z_c),则有

$$w = w_1 + w_2 + w_3 + w_4 \qquad (2.1)$$

式中,w 为试件质量;w_1,w_2,w_3,w_4 分别为 1,2,3,4 点处传感器的实测值。各点分质量测出后,根据力和力矩平衡原理在 XOZ 平面内对 OX 轴取矩可得试件在 XOZ 平面内的径向质心 z_c,即

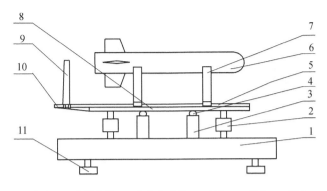

1—底座;2—升降装置;3—称重传感器;4—球头;5—导轨;6—试件;

7—支架;8—测量平台;9—测量头;10—数显标尺;11—调平机构

图 2-1 基于多支点称重法的导弹质量/质心测量系统

$$z_c = \frac{1}{w}(w_1 a_1 - w_2 a_2 + w_3 a_3 - w_4 a_4)$$

$$(2.2)$$

对 OZ 取矩可得试件轴向质心 x_c,即

$$x_c = \frac{1}{w}(w_1 b_1 + w_2 b_2 - w_3 b_3 - w_4 b_4)$$

$$(2.3)$$

同理将试件旋转 $90°$ 在 XOY 平面内对 OX
轴取矩可得试件在 XOY 平面内的径向质心
y_c,即

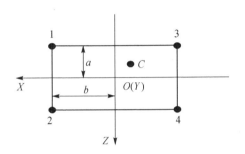

图 2-2 传感器安装位置

$$y_c = \frac{1}{w}(w_1 a_1 - w_2 a_2 + w_3 a_3 - w_4 a_4) \tag{2.4}$$

2. 非平衡力矩法

非平衡力矩法的基本原理类似于"杠杆",它利用枢轴承载被测物及工装的重量。非平衡
力矩法通常采用的枢轴包括球面气体轴承、滚筒和机械刀口 3 种,如果导弹的质心相对于通过
支点的垂直轴线有一定的位移,则导弹相对于支点必然有一个力矩,力矩大小等于导弹质心相
对于支点的偏离量乘以导弹重量,利用传感器可以测出由于被测物质心相对于测量平台基准
有偏移而产生的不平衡力矩,这个力矩除以被测物的重量就可以得到质心的位置,即

$$\Delta x = M/(mg) \tag{2.5}$$

式中,Δx 为质心相对于测量平台基准的偏移量;M 为设备所测的不平衡力矩;g 为当地重力
加速度;m 为工装的质量。

以气浮轴承作为枢轴的基于非平衡力矩法是目前质心测量精度最高的方法。力矩测量使
用高精度的扭转传感器,这种测量设备的不足之处在于它不能测量质量,质量必须通过其他的
设备测量。非平衡力矩法的代表设备是美国 Space Electronics Inc,Product&Services 公司研
制的 KSR 型质心测量系统,由于采用半球面气体轴承和高灵敏度力矩传感技术,该型设备的
质心测量精度可达 0.02 mm,这比基于多点称重的质心测量仪器精度高出 10～100 倍,此
外,该系统对过载的承受能力也很强。图 2-3 所示为该系统的实物图及示意图。

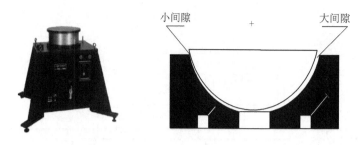

图 2 - 3　基于非平衡力矩法的 KSR 型质心测量系统,气浮轴承作为枢轴

3. 质心重定位法

机械重定位法使用一个支撑点(刀口、悬挂点)支撑导弹的全部质量,不断调整移动导弹,使得导弹对于支撑点达到平衡状态,此时支撑点所对应的位置即为导弹质心所在位置[16]。实验装置如图 2-4 所示。这种方法虽然原理简单,硬件成本低,但是消耗时间长,测量精度低且测量精度和操作人员的技巧有关,对于大型导弹很难进行调整以至于无法测量。目前这种方法已不常用。

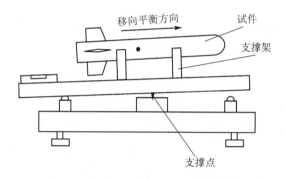

图 2 - 4　基于质心重定位法的质心测量系统

4. 旋转平衡法

旋转平衡法是用力传感器测量被测物在旋转过程中轴承的受力变化,测得的力为重力和离心力的合力,通过计算合力的变化及其与相位的关系,就可以分离出被测物的质心坐标位置,其基本原理图如图 2-5 所示,20 世纪 70 年代压力传感器的精度不高,这种方法比较流行。现在,随着单点称重传感器的发展,旋转平衡法已经基本被淘汰。

5. 转动惯量法

被测物被放置在转动惯量测量仪上,连续测量被测物在三个方向上的转动惯量,通过计算被测物主轴移动产生的转动惯量变化就能获得质心的位置,转动惯量法测量质心的基本原理如图 2-6 所示。

2.1.2　转动惯量测量方法

物体绕定轴转动的运动规律不但和物体所受的相对于该轴的力矩有关,还和物体相对于该轴的质量分布有关,即与物体的转动惯性有关。同一物体相对于不同转轴的转动惯性不同;同一形状大小的物体相对于相同的转轴,质量分布不同,转动惯性也不同,物理中用转动惯量来衡量转动惯性的大小。

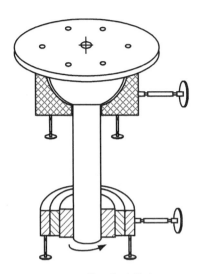

图 2-5　旋转平衡法基本原理

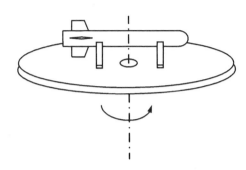

图 2-6　转动惯量法原理

在工程实际中，对于质量分布不规则的物体，转动惯量很难通过理论计算直接计算得出。要获得转动惯量，通常采用实验测量的方法。比较常用的实际测量转动惯量方法包括扭摆法、六姿态法、落体法、复摆法和三线摆法等[13]。

1. 扭摆法

由结构动力学可知，物体在绕空间中任一轴线扭摆振动时，扭摆周期的平方与转动惯量的大小成正比，工程中经常基于这一原理测量不规则物体的转动惯量。工程中实际的不规则物体可能没有工作状态的转轴，其结构外形也有很大的限制，这类物体通常难以通过安装可旋转的机构来形成测量轴，而即使有测量轴，质心也不一定通过测量轴。不同于其他测量方法，扭摆法可以克服这些问题。考虑黏性阻尼，有

$$T = \frac{2\pi}{\sqrt{1-\xi^2}}\sqrt{\frac{I}{K}} \tag{2.6}$$

式中，I 为试件对转轴的转动惯量；K 为扭杆的刚度系数；ξ 为系统黏性阻尼系数；T 为系统自由摆动周期。

系统的转动惯量为

$$I = \frac{K(1-\xi^2)}{4\pi^2}T^2 = K_{eq}T^2 \tag{2.7}$$

设测试台转动惯量为 I_0，测试台和试件的总转动惯量为 I_x，测试台空摆周期为 T_0，测试台安装试件后，摆动周期为 T_x，并认为两种状态下阻尼系数不变，则

$$I_0 = K_{eq}T_0^2 \tag{2.8}$$

$$I_x = K_{eq}T_x^2 \tag{2.9}$$

由此得出，试件绕测试台基准轴的转动惯量 I_p 为

$$I_p = I_x - I_0 = K_{eq}(T_x^2 - T_0^2) \tag{2.10}$$

若试件质心不在测试台基准轴上，设测试台转动中心和试件质心的距离为 R，试件质量为 M，则试件对其质心的转动惯量 I_{cp} 为

$$I_{cp} = I_p - MR^2 \qquad (2.11)$$

针对被测物体的转动惯量适当设计扭簧杆的结构可以使扭摆的周期很大,这样,空气阻力的影响就可以忽略不计,从而提高测量精度。基于扭摆法的转动惯量测量系统如图 2-7 所示。

2. 六姿态法

六姿态法是对单轴转动惯量测量的一种拓展。在对飞行器转动惯量测量的应用当中,它对于任意一个姿态的转动惯量测量通常基于扭摆法(当然也可以基于其他方法,但是基于扭摆法的优点,通常不采用其他方法)。根据理论力学,对于任意一个刚体,其完整的惯性参数包含六个独立的变量。因此,如果在测量时进行六种不同姿态的扭摆测量,就可以获得六个互不相关的动能方程,即可获得一个包含六个未知数的封闭方程组,这样就可以通过求解方程获得完整的刚体惯性参数。这种方法的优点在于不但能得到被测物体的转动惯量参数,还能获得动平衡参数。六姿态法测量原理如图 2-8 所示。

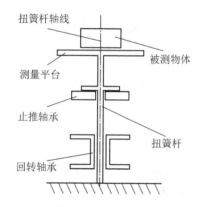

图 2-7 扭摆法测量转动惯量基本原理

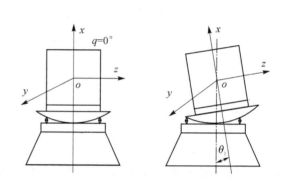

图 2-8 六姿态法测量刚体惯性参数

3. 落体法

落体法是指将被测物安装在一个转轴上,使其在该轴线上能自由转动。在转盘的外边缘上施加一个恒定大小的力,通常是在转盘外边缘上绕一柔性绳索,绳索一端固定在物体边缘上,另一端固定小质量物体,小质量物体在自身重力的作用下作匀角加速度运动,这时只要测量被测物体的角加速度,或者测量小质量物体下落一定高度所需要的时间,就可以获得其绕转动轴线的转动惯量。

$$\left. \begin{array}{l} R\alpha = a \\ mg - T = ma \\ TR = J\alpha \end{array} \right\} \to J = \frac{(mg - Rm\alpha)R}{\alpha} \qquad (2.12)$$

式中,α 为试件的角加速度;a 为小质量物体的加速度;J 为待测物的转动惯量。

对于有转轴的小型被测物体,例如电机转子,用落体法测量转动惯量是比较适合的。这种方法可以在不取出其转子的情况下测量出转子的转动惯量大小。落体法测量转动惯量的测量原理如图 2-9 所示。

4. 复摆法

复摆法的基本原理如图 2-10 所示。任意不规则的物体,绕垂直于纸面的轴向 O 可以自由转动。首先让物体自然下垂,然后使其偏离平衡位置一定的微小角度 θ,然后释放,被测物

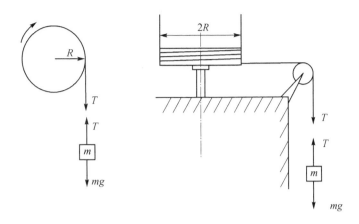

图 2 - 9　落体法测转动惯量的基本原理

体将绕轴 O 作自由摆动,称此种运动为复摆。假定复摆的质心位置在 C 点,C 到 O 的距离为 h,那么被测物体对 O 轴的转动惯量为

$$J = \frac{mgh}{4\pi^2} T^2 \tag{2.13}$$

上式表明,复摆摆动周期的平方与物体的转动惯量成正比。

5. 三线摆法

　　三线摆法的基本原理是机械能守恒原理,根据机械能守恒可以推导出被测物和测量平台(加载状态)相对于中轴线的转动惯量计算公式,只要测出测量平台自身(空载状态)的转动惯量,就可以根据线性关系计算出被测物体的转动惯量。对于某些外形不规则的非均质被测物体,利用三线摆法测量比较好,但是这种方法的精度一般。三线摆基本原理如图 2 - 11 所示。

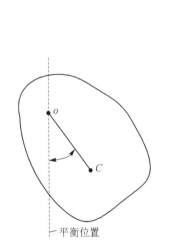

图 2 - 10　复摆法测量原理示意

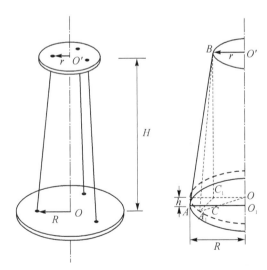

图 2 - 11　三线摆法原理

　　三线摆有一均匀圆盘,在小于其周界的同心圆周上作一内接等边三角形,然后从三角形的三个顶点引出三条金属线,三条金属线同样对称地连接在置于上部的一个水平小圆盘的下面,

小圆盘可以绕自身的垂直轴转动。当均匀圆盘(以下简称悬盘)水平,三线等长时,轻轻转动上部小圆盘,由于悬线张力的作用,悬盘即绕上下圆盘的中心连线轴 OO' 周期地反复扭转运动。当悬盘离开平衡位置向某一方向转动到最大角位移时,整个悬盘的位置也随着升高 h。若取平衡位置的位能为零,则悬盘升高 h 时的动能等于零,而位能为

$$E_1 = mgh \tag{2.14}$$

式中,m 为悬盘的质量;g 为重力加速度。转动的悬盘在达到最大角位移后将向相反的方向转动,当它通过平衡位置时,其位能和平衡动能为零,而转动动能为

$$E_2 = \frac{1}{2} I_0 \omega_0^2 \tag{2.15}$$

式中,I_0 为悬盘的转动惯量;ω_0 为悬盘通过平衡位置时的角速度。如果略去摩擦力的影响,根据机械能守恒定律 $E_1 = E_2$,即 $mgh = \frac{1}{2} I_0 \omega_0^2$。若悬盘转动角度很小,悬盘的角位移与时间的关系可写成:$\theta = \theta_0 \sin\left(\dfrac{2\pi}{T} t\right)$,式中,$\theta$ 为悬盘在时刻 t 的位移,θ_0 为悬盘的最大角位移,即角振幅,T 为周期。

角速度 ω 是角位移 θ 对时间的一阶导数,即

$$\omega = \frac{\mathrm{d}\theta}{\mathrm{d}t} = \frac{2\pi\theta_0}{T} \cos\left(\frac{2\pi}{T} t\right)$$

在通过平衡位置的瞬时,角速度的绝对值是

$$\omega_0 = \frac{2\pi\theta_0}{T}$$

根据以上两式得 $mgh = \dfrac{1}{2} I_0 \left(\dfrac{2\pi\theta_0}{T}\right)^2$

设 l 是悬线长,R 是悬盘点到中心的距离,由图 2-11 可得

$$h = OO_1 = BC - BC_1 = \frac{(BC)^2 - (BC_1)^2}{BC + BC_1}$$

由于
$$(BC)^2 = (AB)^2 - (AC)^2 = l^2 - (R-r)^2$$
$$(BC_1)^2 = (A_1B)^2 - (A_1C_1)^2 = l^2 - (R^2 + r^2 - 2Rr\cos\theta_0)$$

得
$$h = \frac{2Rr(1-\cos\theta_0)}{BC + BC_1} = \frac{4Rr\sin^2\dfrac{\theta_0}{2}}{BC + BC_1}$$

在偏转角很小时: $\quad \sin\dfrac{\theta_0}{2} \approx \dfrac{\theta_0}{2}$ 且 $\quad BC + BC_1 \approx 2H$

所以
$$h = \frac{Rr\theta_0^2}{2H}$$

于是
$$I_0 = \frac{mgRr}{4\pi^2 H} T^2 \tag{2.16}$$

在实验中,空载时测得实验平台的转动惯量,安装试件后,再次测量实验平台和试件总的转动惯量。两次测量结果的差值就是试件相对于 OO' 的转动惯量。

2.2　弹箭质量特性测量实验

2.2.1　质量/质心测量实验

1. 实验目的

了解弹箭质量/质心的测量方法。

2. 实验内容

① 弹箭质量/质心测量台的校准。

② 弹箭质量/质心的测量。

3. 实验原理与基础知识

质量和质心测量是通过三个称重传感器共同完成的。称重传感器在平台上的垂直投影如图 2-12 所示。

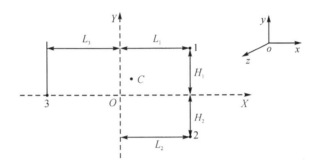

图 2-12　传感器安装位置

其中,点 1,2,3 分别表示三个称重传感器和上平台的接触点,OX,OY 为测量台参考轴,原点 O 为测量台的定位中心。设 $OXYZ$ 为弹体坐标轴,测量台 OX 轴和弹体轴 OX 重合,点 C 为试件在 OXY 平面的质心位置,有

$$w = w_1 + w_2 + w_3 \tag{2.17}$$

式中,w 为试件质量;w_1,w_2,w_3 分别为 1,2,3 三点处传感器的实测值。

各点的分质量测出后,根据力和力矩平衡原理在平面 XOY 内对 OX 取矩可得试件在 XOY 平面内的径向质心 y_c,即

$$y_c = \frac{1}{w}(w_1 H_1 - w_2 H_2) \tag{2.18}$$

对 OY 取矩可得试件轴向质心 x_c,为

$$x_c = \frac{1}{w}(w_1 L_1 + w_2 L_2 - w_3 L_3) \tag{2.19}$$

同理,将试件旋转 90°,可得

$$z_c = \frac{1}{w}(w_1 H_1 - w_2 H_2) \tag{2.20}$$

4. 实验步骤

实验设备采用西安百纳电子科技有限公司生产的质量、质心、转动惯量测试系统。

（1）测试前准备

① 确保连线正确，接上电源；

② 双击计算机屏幕上的弹箭质量/质心测量系统图标，弹出测试界面如图 2-13 所示；

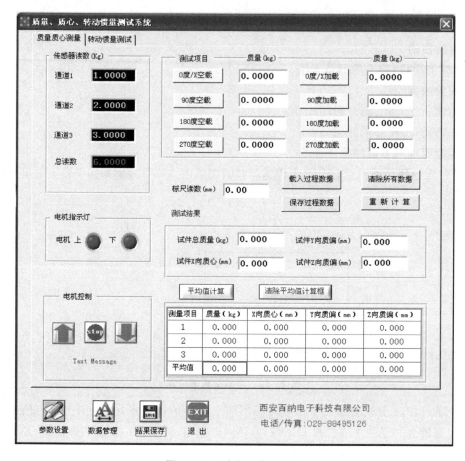

图 2-13　测试系统主界面

③ 空载情况下，加载、卸载各 2 次以上。传感器卸载（升）的方法为：按电机控制框内的 ⬆ 按钮，直到上行程开关指示灯亮时电机停止转动，表明质量/质心测量工作台脱离称重传感器，传感器读数为 0，此时传感器处于卸载状态；传感器加载（降）的方法为：按电机控制框内的 ⬇ 按钮，直到下行程开关指示灯亮时电机停止转动，表明质量/质心测量工作台放在称重传感器上，传感器读数为测量台重量值，此时传感器处于加载状态。

（2）空载测试

① 在工作台没有放试件时，传感器加载，当质量测量数据稳定后，单击 0度/X空载 → 90度空载 → 180度空载 → 270度空载 按钮，空载质量将会显示到相应的读数栏中。

② 升起工作台，使传感器卸载。

注意：在工作台上安装试件之前，必须将工作台升起使其脱离传感器，否则容易损坏传感器。

（3）加载测试

① 传感器卸载（如果传感器已卸载，此步骤省略）；安装试件，使标准件的端面（或者某一基准面）与 X 向基准线平行。

② 传感器加载；观看质量测量数据稳定后，按 [0度/X加载] 按钮，质量数据将显示到相应的读数栏中。

③ 顺时针旋转试件，分别旋转 $90°$、$180°$、$270°$，并在旋转过程中在数据稳定后单击相应的 [90度加载]、[180度加载]、[270度加载] 按钮。

④ 保持加载状态，移动数显标尺使其基准面靠紧试件端面，将数显标尺的数据输入标尺读数输入框中，待质量数据稳定后按 [重新计算] 按钮，则 X 向质心将显示在相应的数据框中。

⑤ 再重复两遍步骤②～④，求平均值。

⑥ 升起工作台，使传感器卸载，完成质量/质心测试。

5. 实验报告

① 实验过程记录。

用质量/质心测量台测量给定弹箭的质量，共测量 3 次，测量数据填入表 2-1。

表 2-1　弹箭质量/质心测量记录表

测量项目	质量/kg	X 向质心/mm	Y 向质偏/mm	Z 向质偏/mm
1				
2				
3				
平均值				

② 推导质心公式。

③ 对本实验的意见或建议。

2.2.2　转动惯量测量实验

1. 实验目的

学习测量弹箭转动惯量的方法。

2. 实验内容

① 弹箭转动惯量的测量。

② 弹箭转动惯量测量台的校准。

3. 实验原理与基础知识

转动惯量是通过测量扭摆系统的自由摆动周期来计算的。考虑黏性阻尼，有

$$T = \frac{2\pi}{\sqrt{1-\xi^2}} \sqrt{\frac{I}{K}} \tag{2.21}$$

式中，I 为试件对转轴的转动惯量；K 为扭杆刚度系数；ξ 为系统黏性阻尼系数；T 为系统自由摆动周期。

系统的转动惯量为

$$I = \frac{K(1-\xi^2)}{4\pi^2} \cdot T^2 = K_{eq} T^2 \tag{2.22}$$

设空测试台摆动周期为 T_0,测试台安装试件后,其摆动周期为 T_x,并认为两种状态系统的系统黏性阻尼系数 ξ 不变,测试台转动惯量为 I_0,测试台和试件的转动惯量分别为

$$I_0 = K_{eq} T_0^2 \tag{2.23}$$
$$I_x = K_{eq} T_x^2 \tag{2.24}$$

由此得出,试件的转动惯量 I_p 为

$$I_p = I_x - I_0 = K_{eq}(T_x^2 - T_0^2) \tag{2.25}$$

一般试件的质心和测试台的转动中心不重合。设测试台转动中心和试件质心的距离为 R,试件质量为 M,则试件对其质心的转动惯量 I_{cp} 为

$$I_{cp} = I_p - MR^2 \tag{2.26}$$

式中,K_{eq} 为通过标准试件标定的参数值。

4. 实验步骤

实验设备采用西安百纳电子科技有限公司生产的质量、质心、转动惯量测试系统。

(1) 测试前的准备

① 打开转动惯量测量界面;

② 预扭几次转动惯量测量台。

(2) J_Y/J_Z 空载测试

① 在空载的情况下,在测试选择栏中选择 J_Y/J_Z 空载测试;

② 按 开始测试 按钮,按提示进行摆动周期测量,测试完毕后,测试数据和空载频率将自动计算并显示;

③ 重复上面的步骤至少 3 次,完成 J_Y/J_Z 空载测试。

注意:在反复多次测量的数据中,应删除偏离平均值较多的不合理数据。删除数据时,选中要删除数据,按删除数据按钮即可。

(3) 安装试件

在装夹平台上安装试件,安装时应使试件质心与测量台的中心轴线重合(如果不重合需要用到移轴定理)。

(4) J_Y/J_Z 加载测试

① 在测试选择栏中选择 J_Y/J_Z 加载测试。

② 按 开始测试 按钮,按提示进行摆动周期测量,测试完毕后,测试数据和加载频率将自动计算并显示。重复上面的步骤至少 3 次,完成 J_Y/J_Z 加载测试。

③ 在 Y/Z 向计算参数输入框中输入试件的质量和其质心与测量台中心的距离(如果安放试件时其质心与测量台中心轴重合,则此步省略)。

④ 按 计算 按钮,则试件的 J_Y/J_Z 转动惯量将会自动显示在测量结果显示框中。

⑤ 完成转动惯量测试,从测量台上取下试件并放入指定位置。

5. 实验报告

① 记录实验过程。

用转动惯量测量台测量给定弹箭的 J_Y/J_Z 转动惯量,共测量 3 次,测量数据填入表 2-2 中。

表 2 - 2　弹箭转动惯量测量原始记录表

测量次数	实测值
1	
2	
3	
平均值	

② 将导弹看作质量均匀分布的圆柱,计算导弹的转动惯量,并与测量值作对比。

③ 推导扭摆系统摆动周期与转动惯量的关系公式。

④ 总结对本实验的意见或建议。

第3章　弹箭振动特性

3.1　导弹弹体弹性问题

过去大多数导弹的外形短粗、长细比小（≤15）且结构厚实，所以一般采用刚体模型来分析研究，其误差不是很大[17]。由于实战的需要，现代导弹日益追求高速度、超机动性和敏捷性，使得导弹呈现出轻结构、大柔性和低阻尼的特征。特别是正在研制的新一代高超声速导弹和飞行器将广泛采用轻质材料，并利用大型薄壁结构设计，其气动布局一般设计为细长体、升力体布局、完全或部分为乘波体布局。导弹特殊的结构材料和气动布局将带来气动弹性的新问题，使弹体的弹性变形非常明显，如图3-1所示。

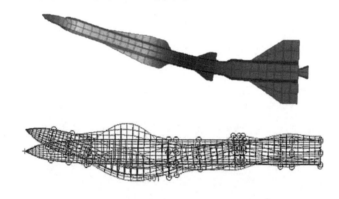

图3-1　弹体的弹性变形与振动

表3-1所列为国内外几种新型导弹的外形尺寸，可以看出导弹的长细比均大于15。

表3-1　几种新型导弹的外形尺寸[18]

型　号	国家/地区	长度/cm	直径/cm	长细比
AA-12	俄罗斯	360	20.0	18.0
SD-10	中国	369	20.3	18.2
MICA	法国	310	16.0	19.4
Meteor	英国	367	18.0	20.4
AIM-120	美国	365	17.8	20.5
Derby	以色列	362	16.0	22.6
IRIS-T	欧洲	294	12.7	23.1
AIM-9X	美国	302	12.7	23.8

以美国最新的空空导弹AIM-9X为例，如图3-2所示，导弹弹体更为细长，而且没有弹

翼,只有 4 个很小的尾翼;弹径只有 127 mm,而弹身长达 3 m,弹体的长细比已经接近 24[19]。

图 3 - 2　AIM - 9X 导弹

　　现代战争对导弹提出了越来越高的要求,任何可能对系统产生危害的因素都必须予以考虑。导弹飞行速度快,在飞行过程中要承受很大的冲击与过载。在这些外力的作用下,弹体不可避免地会出现弹性振动现象。弹体弹性振动的振幅和频率很大程度上由弹体结构和外界激励所决定。当振动幅度较小时往往不会对系统安全产生影响;但若弹体的固有频率与系统激励的频率相近时,系统易产生共振而失稳,这会对系统产生很大的危害。

　　事实上在实际的科研过程中已经有很多由于过于简单地将导弹弹体看作是刚性而导致试验失败的案例。例如,1962 年 3 月,我国自行研制的第一代中程地地战术导弹"东风"二号第一次试射失败,钱学森到实验基地调查事故原因后,指出试验失败的原因一是没有充分考虑导弹弹体是弹性体,飞行中弹体的弹性振动与姿态控制系统发生耦合,导致导弹飞行失控;二是火箭发动机改进设计时提高了推力,但强度不够,导致飞行过程中局部破坏而起火。这样对症下药进行改进后,1964 年 6 月 29 日"东风"二号导弹第二次试飞获得成功。还有一个例子就是某型导弹飞行试验中出现导弹一阶振动频率过低,导致自动驾驶仪和自导雷达被振坏,由于遥测数据不能及时地判断问题的症结,为此试验了十多枚导弹才找出问题的所在。这些分析和试验都表明在研究长细比大、柔性大的导弹结构时不能将其简单地看作刚体来分析,必须考虑弹体的弹性引起的问题。

3.2　弹体弹性对导弹飞行的影响

　　在实际导弹的飞行过程中,气动力和结构变形存在耦合,弹体的变形将改变气动力的大小和分布,而气动力的变化又进一步导致导弹的变形,两者呈现互为因果的耦合关系,这就是气动弹性的现象[20]。文献[21]指出,在高马赫数时,结构变形不大的情况下,结构振动变形所引起的非定常气动力较小。这是因为在高马赫数下,来流速度很大,而由于导弹的弹性运动所引起的扰动速度相对较小,因此非定常弹性效应所引起的气动压力分布变化较小,所以尽管导弹的弹性模量和结构阻尼不同的所引起的弹性运动不同但是由于弹性运动引起的气动力变化始终维持在比较小的范围。但文献[22]指出,在某些情况下导弹考虑弹性振动之后,气动导数值较之刚性飞行器约有 10%～20% 的变化。

　　在导弹的实际飞行中,当控制力矩加到弹性飞行器壳体上时,除了使导弹产生围绕质心的旋转外,还会发生横向的弹性振动,该振动由不同谐振频率的正弦波组成,其中一阶谐振最为剧烈,对控制系统的影响最大,而高阶谐振影响相对较小[22]~[23]。因此,如果弹体上敏感元件安装位置不当,那么在测量信号中不但包含导弹刚体的运动,还包含对于控制有害的弹体弹性变形的引起的附加信号。附加信号产生的附加反馈最终会影响闭环系统的稳定性。

3.3　弹性弹体的动力学模型

在一定条件下,弹性弹体动力学模型可用传递函数来描述[23]。

使用叠加法推导传递函数,将导弹弹体考虑为刚性弹体和弹性弹体的叠加。如果导弹稳定系统的截止频率比弹体振型低得多,可以不考虑刚性弹体和弹性弹体的耦合,分别求出两个运动的传递函数,最后叠加求得弹性弹体动力学总的传递函数。以舵偏角到俯仰角速度传递函数为例,由于推导繁琐复杂,这里只给出结论,为

$$\frac{\dot{\Theta}(s)}{\delta(s)} = \frac{K_d(T_a s + 1)}{\dfrac{s^2}{\omega_D^2} + \dfrac{2\xi_D}{\omega_D} s + 1} + \sum \frac{K_{FBi} s \left(1 + \dfrac{s^2}{\omega_{ZFBi}^2}\right)}{\dfrac{s^2}{\omega_i^2} + \dfrac{2\xi_i}{\omega_i} s + 1} \tag{3.1}$$

式中,K_d 为舵偏角到俯仰角速度的气动增益;T_a 为气动旋转速率的时间常数;ω_D 为导弹空气动力的自然频率;ξ_D 为导弹空气动力的阻尼比;K_{FBi} 为第 i 阶模态的增益;ω_{ZFBi} 为第 i 阶模态的传递函数零点;ξ_i 为第 i 阶模态的结构阻尼;ω_i 为第 i 阶模态的振动频率。

3.4　克服弹性对稳定性影响的策略

随着导弹长细比的提高和结构刚度的减小,在飞行过程中弹体的弹性特征越来越明显,弹体弹性和控制系统的耦合呈现出强烈的非线性,这种非定常非线性特征的弹性效应使飞行器的气动特性、结构特性以及控制系统的工作环境大大恶化,很可能使控制系统丧失稳定性。因此,非定常特征的弹性效应特性在导弹结构设计、动力学分析以及控制系统的设计中起着越来越重要的作用,其也成为人们所关注的重要课题之一[24]。目前克服弹性对稳定性的影响主要采用下述两种方法[23][25][26]。

第一种是在飞行器结构设计时保证结构的一阶振型频率(有时要求是二阶频率)大大超过稳定系统的截止频率,一般一阶振型频率应为稳定系统截止频率的 5 倍以上。这时结构振型可以看作稳定系统的高阶模态,不会影响系统的稳定性。导弹一阶振型如图 3-3 所示。

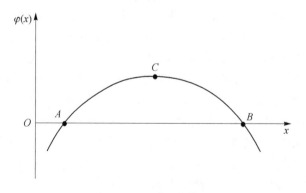

图 3-3　导弹一阶振型

第二种是合理地设置导弹的稳定控制系统,可以采取以下几种措施:

① 正确地配置导弹的测量元件,尽量减少串入稳定系统的弹性振动信号。可以通过选择

合适的位置安装测量仪器,使得弹体弹性对导弹控制系统的稳定性影响达到最小[22]。以只考虑一阶振型时敏感元件的位置选择来简略地介绍一下这种方法。图 3-3 所示为导弹的一阶振型 $\varphi(x)$。很显然,测量角度或者角速度的陀螺仪应该放在振型的波腹上,即图中的 C 点。这是因为在该点处 $\varphi'(x)=0$,陀螺仪感受到的信号中的有害成分理论上就会最小。而加速度计就应该放在振型的节点上,即图中的点 A 和点 B。这是因为 A,B 点处 $\varphi(x)=0$,加速度计测量加速度信号就会最小。但是在实际中并不能保证敏感元件全部安装在理论上理想的位置,这时应将其放在距理想位置尽可能近的位置上。

② 在导弹振型频率处引入滤波器,从受到干扰的观测信号中提取出所需要的有用信息,压制振动带来的有害信号。

③ 采用自适应控制,主动减振。主动控制导弹弹性振动,是指根据测量到的振动信号,采用一定的控制算法,实时计算得到控制信号,并对导弹弹身施加某种控制信号(如力和力矩),抑制导弹弹身的振动。主动振动控制由于其良好的控制效果,对不同结构具有较好的适应能力,得到了较为广泛的应用(如应用于实验阶段的简支梁、悬臂梁,也有用于机械结构、建筑结构、柔性空间结构等)。但是,受限于相应传感作动器件的开发研究及加工工艺发展,主动振动控制在刚度较大的弹性构件或刚弹组合构件方面的应用较少。

在实际工程应用中,导弹控制技术已经相对成熟,单纯为了解决导弹的弹性弯曲变形,而对现有的刚体导弹控制器进行重新设计或改造是不现实的。主要考虑引入主动作动(控制)力,作动力的实现方式有多种[20],具体如下:

(a) 在弹性弹体表面或内层粘贴或埋置智能压电制动器,制动器能直接将控制器输出的电信号转变为结构的应变或位移信号,必要时采用阵列形式,提供需要的作动力或力矩;

(b) 在弹体相应位置安置微喷发动机,提供作动力;

(c) 在弹体相应位置设计舵面,提供作动力。

克服弹性对稳定性的影响的理想解决方案是将上述各种方法合理地结合,并由控制系统设计师和飞行器结构设计师共同负责。

弹性飞行器动力学与控制是飞行力学、空气动力学、结构动力学、气动弹性力学和现代控制理论诸学科的交叉综合的新领域,是现代飞行力学发展的重要方向之一。进行弹性飞行器动力学与控制研究,就是要探讨飞行器结构弹性、气动力与控制系统耦合产生的机理和了解其物理本质,为现代飞行器总体设计和控制系统分析与设计提供完整、可靠的理论和技术手段。随着主动控制技术、智能材料技术、微机械技术、计算机技术的发展,已研究证实了可以变不利的气动弹性影响为有利,通过与主动控制技术相结合,设计主动控制律可以改善飞行器的气动弹性性能。更进一步的研究展示了主动利用气动弹性效应来设计弹性飞行器,成为一个颇具生命力的先进飞行器的设计思想[23]。

目前导弹设计中主要还是考虑采取一定策略降低振动问题对系统安全的影响。进行弹体结构的振动特性测试及振动模态测试,对设计导弹的减振策略有重要的指导意义,本振动实验主要以单自由度质量块和简支梁为实验对象,展开了对系统结构和结构参数(如固有频率、相对阻尼系数和衰减系数等)和振动模态的测量,使读者对导弹弹体结构可能出现的共振现象有更形象的认识和深入的理解。

3.5　弹簧振动特性测量实验

实验准备：

① 观看教学视频（实验台虽已安装好，但为了增加对实验原理的认识，仍需观看，教学视频位于实验软件"帮助"菜单下的"演示动画"中）。

② 阅读附录 E：YE6251 软件操作说明书。

③ 阅读附录 F：振动力学实验原理。

3.5.1　自由振动法测量单自由度系统的参数

1. 实验目的

① 测量系统自由振动的衰减曲线。

② 对曲线进行时域分析，确定其振动频率、周期、固有频率、衰减系数、相对阻尼系数等参数。

2. 实验框图

测量系统自由振动衰减曲线实验原理如图 3-4 所示。

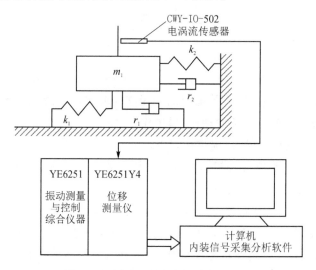

图 3-4　测量系统自由振动实验原理

3. 实验步骤

① 将电涡流传感器对准单自由度系统的测量平面（尽量保持平行，相距 1 mm 左右）进行安装，按照教学视频的指导进行传感器的初始调节，注意不要改变面板中传感器敏感度（sens）的值。电涡流传感器及单自由度系统均已安装好，只须将电涡流传感器接入位移测量仪即可。

② 打开实验软件，正确选择实验项目，在主界面左侧参数栏设置触发方式为"信号触发"，并设定采样长度（采样长度应保证获取的波形周期数足够完成计算，可通过多次实验进行调整）。单击右侧工具栏打开一个时间波形观察视图。

③ 自由度系统的初始状态是无阻尼的，在不加阻尼的情况下，用手轻推质量块或用力锤轻敲质量块，单击右侧工具栏中的"开始采集"，采集一段信号并进行分析（若信号波形与理论

相差较远,应重新测量)。轻推质量块时,应尽量靠近质量块的中心位置,否则振动容易发生畸变。

④ 在加阻尼的情况下,用手轻推质量块或用力锤轻敲质量块,采集一段信号进行分析,测量要求同上(单自由度系统加阻尼的方法参见"演示动画"中的"单双自由度系统的安装")。

⑤ 由获得的图形测量出衰减周期及衰减率,以此计算振动固有频率、衰减系数、相对阻尼系数等参数。计算周期时,为准确起见,应多算几个周期取其平均值(具体计算方法参见附录F:振动力学实验原理)。

⑥ 将实验截图及计算结果分别填入"振动力学实验报告"的指定位置。完成实验后,断开涡流传感器与位移测量仪的连接。

4. 实验报告

① 无阻尼的振动衰减曲线。

② 有阻尼的振动衰减曲线。

③ 计算结果。

3.5.2　稳态激扰法测量简支梁结构的幅频响应曲线

1. 实验目的

用稳态激扰法测量结构的幅频响应曲线,并确定其 1～3 阶固有频率。

2. 实验框图

稳态激扰法测量结构的幅频响应曲线实验原理如图 3-5 所示。

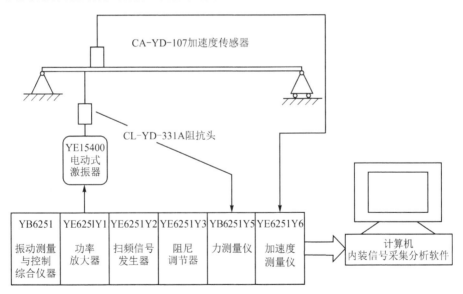

图 3-5　稳态激扰法测量结构

3. 实验步骤

① 用激振器对准简支梁并进行激振。将激振器接入测量仪后面板的相应位置,此时扫频信号发生器产生的信号经功率放大器可输出到激振器中。激振头装上阻抗头并与简支梁相连,阻抗头中标"F"的接口(力传感器)和标"A"的接口(加速度传感器)分别用于接入力测量仪和加速度测量仪。

② 在扫频信号发生器的前面板,按 MANUAL 键将信号源调节为正弦激励,初始频率设为 10 Hz,将功放面板的"输入选择"置于 INT 位置,使激振器激振(频率调节由 ADJUST 和 FINE 旋钮实现,前者粗调,后者微调)。

③ 逐渐调大信号频率,选择合适间隔,记录频率 f 与加速度 a 的数值,并将其填入"振动力学实验报告"的对应表格中。当调节信号源频率 f 时,必须维持力的大小保持不变,$F = 0.5\ \text{N}$(通过调节信号源的幅度,亦即调节功率放大器的输出电流大小)。

④ 本实验直接读取仪表读数,不需要用计算机采集。将力测量仪放在 RMS 挡,加速度放在 RMS 挡,以便于直接读数。此时若加速度变化不明显,可改变加速度测量仪的增益,但实验完成后须恢复为原有的增益大小,便于后续实验。

⑤ 注意在谐振点(谐振点频率约为 1 阶 46 Hz,2 阶 173 Hz,3 阶 400 Hz)附近时,频率的变化应尽量小(1 Hz 左右),这样才能找准谐振点(谐振点附近的简支梁会有明显振动并会发出响声)。

⑥ 将实验数据导入 MATLAB,绘制出 f-a 曲线,并将截图保存在"振动力学实验报告"中。

⑦ f-a 曲线峰值处的频率值即为简支梁的固有频率,将实验求得的 1~3 阶固有频率填入"振动力学实验报告"中。

4. 实验报告

① 记录 f-a 数据。

② 画出 f-a 曲线。

③ 写出实验求得的 1~3 阶固有频率。

3.5.3　用正弦扫频法测量简支梁结构的频率响应

1. 实验目的

用正弦扫频法测量简支梁的频率响应函数,并通过分析频率响应曲线,识别结构的 1~4 阶固有频率(该实验获得的图像可能观察不到 4 阶固有频率)。

2. 实验框图

实验框图如图 3-4 所示。

3. 实验步骤

① 用激振器对准简支梁进行激振,此时激振器须安装在振动台偏左侧位置,参考"演示动画"中的"激振器的安装"正确拆卸和安装激振器。激振头装上阻抗头,阻抗头中有力传感器和加速度传感器,分别用于接入力测量仪和加速度测量仪。

② 将信号源设置为扫频方式,频率范围为 10~1 000 Hz,按 UPPER 键设置上限频率,通过 UP/DOWN 键将上限频率设为 1 000 Hz,同理按 LOWER 键设置下限频率为 10 Hz。调节 SWEPT 旋钮将扫频周期设置为最小(设置过程中保持功放面板的"输入选择"置于 EXT 位置)。

③ 正确选择实验项目,打开两个时间波形和一个传函波形观察视图,选中传函波形视图并右击选择"设置"进入"设置"对话框,将传函波形的输入通道设置为 5,窗函数设置为"汉宁窗",输出通道设置为"6",窗函数设置为"汉宁窗",谱线数设置为"800",分析长度设置为"128 k",平均方式设置为"Linear",平均次数设置为"64"。此外,在主界面参数栏,应合理设置采样频率以便观察,采样频率设为 1 500 Hz 左右为宜。

④ 将功放面板的"输入选择"置于 INT 位置,在扫频信号发生器面板按 AUTO 键,信号发生器即可根据前述设置输出扫频信号。当信号频率为 10 Hz 时开始进行数据采集,采集完毕后,将"输入选择"切回 EXT 位置。

⑤ 分析传函波形图,识别出结构的 1~4 阶固有频率,填入报告中(右击传函波形图,可选择自动标注峰值,可由此快速定阶)。

⑥ 以 1 阶固有频率为研究对象,分别分析传递函数的传函幅值图像、传函相位图像、传函实部图像、传函复部的图像(右击传函波形视图观察窗进入"设置"对话框,将分析类型改为"传函相位"等即可得到相应的图像),在报告中的相对位置保存图像,并写下各个图像在 1 阶固有频率位置附近的特点(为了更好地观察 1 阶固有频率处的图像,可通过波形观察视图上方的工具栏对图像进行适当平移或缩放)。

⑦ 完成本实验后,请断开振动台与测量仪间的所有连接,并将激振器安装至原位,以便其他同学实验。

4. 实验报告

① 计算实验结果。

② 分析波形图。

3.5.4 冲击激励法测量简支梁模态参数

1. 实验目的

用冲击激励法测量简支梁的频率响应函数和振型,求得结构的 1~4 阶固有频率,并得出梁的 4 阶振动模态动画,使学生对梁的振动模态有形象的理解。

2. 实验框图

冲击激励法的实验原理如图 3-6 所示。

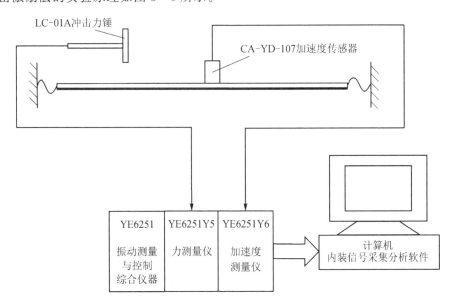

图 3-6 冲击激励法测量原理

3. 实验步骤

① 正确选择实验项目,在"分析"里的"教学装置选择"中,选择结构类型为"简支梁",等份数设为"18"。

② 本实验采用多点激励、单点响应的方式,本实验将简支梁划分为18等份,拾振点设为第5点,即将加速度传感器放在第5点。将加速度传感器接入加速度测量仪。

③ 将力锤的锤头换成尼龙头并接入力测量仪,打开2个时间波形和1个传函波形观察视图,采样方式设为"模态试验",并将力通道的低通滤波器设置为"1 kHz",将拾振的加速度通道的低通滤波器设置为"2 kHz",将测量的平均次数设置为"3"(低通滤波设置方法为:单击选中力通道时间波形视图(f1视图),单击上方工具栏中"数字滤波"按上述要求设置即可)。

④ 用力锤对第1点激振,对应的激励为f1,再同样对第1点锤击2次,得到的数据为第1批数据。3次锤击应有一定时间间隔,须待软件采集完数据后再进行下一次锤击。完成第1点测试后,再次单击"开始采集",实验批次将自动加1,同样对第2点进行3次锤击,以此类推,直到测量完全部测点。

⑤ 选择"分析"中的"教学装置模态分析和振型动画显示",单击"试验项目"选择振动模态数据所在的目录,单击"调入波形"调入测量数据。

⑥ 单击"计算全部传递函数"计算出传递函数,将模态定阶的收取方法选为"自动",单击"开始模态定阶"进行计算,单击"保存模态结果",得到结构的1~4阶固有频率,并记录在报告中。

⑦ 选择"振型动画"页面,单击"动画"观看梁的1~4阶振型动画,在通过指导老师的检查后,将振型动画截图保存在报告中。

⑧ 完成实验后,振动台复原,所有仪器复位。

4. 实验报告

① 计算实验结果,分析实验数据。

② 给出共振模态截图。

第4章 舵机特性

4.1 舵机概述

4.1.1 舵机的意义

导弹具有自身动力装置推进能力,由导航制导控制系统引导其到达目标位置,自第二次世界大战后期问世以来,随着科学技术的进步,其使用效能不断增强,地位、作用不断提高,给现代战争的战略、战术带来巨大而深远的影响。同时,未来高科技战争对导弹的发展提出了全新的要求,高精度、高机动、低成本、高可靠、智能化、隐身化是其现阶段发展的方向。

导弹导航控制系统是以弹体自身为被控对象的自动飞行控制系统,它将按照设计的导引律不断地调整和修正导弹飞行路线,导引和控制导弹飞向目标,直至最后命中目标。大气层内的导弹可以通过改变空气动力的大小和方向获得控制力,这种用来操纵舵面和翼面,以便控制和稳定导弹飞行的装置被称为舵系统。

舵机是舵系统的重要组成部分,是联系飞行控制指令和操纵元件的设备,它将控制指令信息转换为机械运动,直接(通过操纵机构)或间接驱动操纵元件,是一个高精度的位置伺服系统,其动态特性和静态特性直接影响控制系统的操纵性能。

舵机的功能是接收控制系统(如弹载计算机)输出的一定大小和极性的控制信号,带动操纵面(翼、舵等)偏转,依靠操纵面产生的空气动力及气动力矩稳定和控制弹体,使飞行器按设计的弹道飞行,如图4-1所示。舵机的静、动态特性直接决定导弹飞行过程的动态品质,决定其是否能完成飞行任务。

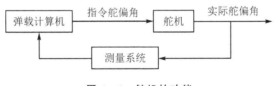

图4-1 舵机的功能

一般来说,对舵机的基本要求包括两方面,即一般要求和实际设计中应考虑的主要问题。一般要求主要包括最大舵偏角和空载最大偏转角速度、最大输出控制力矩、带宽、控制精度、体积、质量、成本、可靠性等。实际设计中应着重考虑的问题主要包括舵机类型、反馈形式、稳定性等[27]~[30]。

4.1.2 舵机的分类

舵机系统是一个高精度、高响应速度的位置伺服系统,其主要工作原理是接收制导系统给出的舵面偏转信号,输出控制指令来操纵导弹舵面的偏转,从而改变导弹的飞行姿势及飞行轨迹,以达到控制导弹飞行状态的目的。

根据反馈形式不同,舵机分为位置反馈舵机、速度反馈舵机、开环舵机等。根据差动方式不同,舵机可以分为机械差动舵机和电气差动舵机等。根据所使用的能源种类不同,舵机分为液压舵机、气动舵机和电动舵机等几种类型。

液压式舵机属于液压执行器,它依靠液体的静压力,控制系统给出控制信号后,通过操纵高压阀门,推动高压油作动装置,从而操作舵翼运动。液压舵机的优点是负载刚度高,时间常数小,比功率(单位质量的功率)大,系统频带宽,响应快,抗反操纵能力强;其缺点是结构复杂,加工精度要求高,对污染敏感,成本高。目前液压舵机多用于弹径较大的中远程战术导弹上,典型应用有美国 AIM - 7 Sparrow“麻雀”导弹,该导弹使用了液压舵机[31],如图 4 - 2 所示。

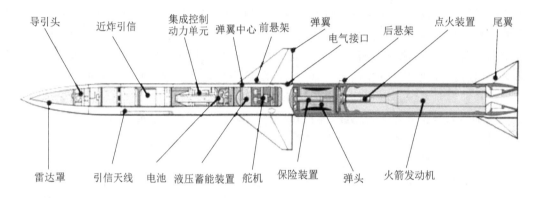

图 4 - 2　AIM - 7 Sparrow“麻雀”导弹

液压舵机的基本组成包括电液伺服阀、作动筒和信号反馈装置等部分,如图 4 - 3 所示。

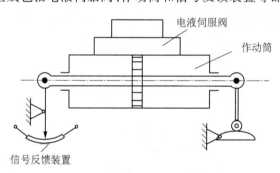

图 4 - 3　液压舵机的原理组成

① 电液伺服阀,又称电液信号转换装置。它将控制系统的电指令信号转换成具有一定功率的液压信号。该装置既是一个功率放大器,又是一个控制液体流量和方向的控制器,电液伺服阀一般包括力矩发动机和液压放大器两个主要部分。

② 作动筒,又称液压筒或油缸,由筒体和运动活塞两部分组成。活塞杆与负载相连,作动筒即是舵机的施力机构。

③ 信号反馈装置,用来感受活塞的位移变化或速度变化,并将其转换成相应的电信号,用来构成伺服舵回路。

气动舵机发展较早,其优点是结构简单,消耗弹上能源少,对污染不甚敏感,成本低等;其缺点是由于气体的可压缩性限制了舵机的快速性和负载刚度的提高,因此频带窄,抗反操纵能力弱。目前气动舵机多用于近中程战术导弹上,很少用于远程导弹上。AIM-9 Sidewinder "响尾蛇"导弹使用了气动舵机(最新型号使用电动舵机和推力矢量复合控制),如图4-4所示,除此之外,我国的霹雳Ⅰ型导弹也使用了气动舵机,如图4-5所示。

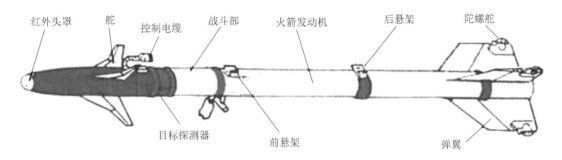

图4-4 AIM-9 Sidewinder"响尾蛇"导弹

气舵机结构如图4-6所示,对于气动伺服结构来说,最重要的是气动伺服阀。气动伺服阀是一类根据控制信号来控制气动系统中气流的压力、流量和方向的阀,由于气体相对于液体来说黏性小、润滑性差,所以气动伺服阀的运动不平稳。在气动伺服结构中,对气动伺服阀有如下要求:

① 气动伺服阀的快速性应比整个伺服机构的快速性好;

② 由于气体的可压缩性,伺服阀的出口容积流量大,因此伺服阀的入口节流通道面积要比出口节流通道面积小;

③ 进入伺服阀的气体须经干燥除尘处理,否则水分进入伺服阀会在节流处产生冰霜,使控制阀的性能变差。

图4-5 霹雳Ⅰ型导弹上的气动舵机

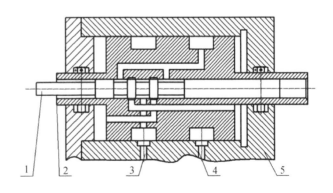

1—滑阀(气动伺服阀);2—活塞;3—进气口;4—排气口;5—壳体

图4-6 气舵机原理

电动舵机以电力为能源。电动舵机并不是一个全新的概念。第二次世界大战期间,美国制造了功能完善的电气式C-Ⅰ自动驾驶仪(苏联仿制品为AⅠ-5),其中就采用了电动舵机。早期的电动舵机输出力矩小、响应速度慢、控制精度相对较低,但其结构紧凑、制造成本低、易于维护、经济性好。随着新型电动机的出现,电动舵机的功率、体积、重量等不断降低,控制精度不断提高,目前电动舵机已经成为各型飞行器上应用最为广泛的一类舵机[32]。典型应用为 AIM-120 AMRAAM 导弹,如图 4-7 所示。

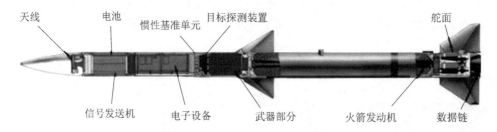

图 4-7　AIM-120 AMRAAM 导弹

伺服电机加上齿轮减速器即为一种简单的电动舵机。

各种舵机的特点及应用情况如表 4-1 所列,特性比较如表 4-2 所列。

表 4-1　舵机的分类及其特点

类　型	所用能源	驱动装置		机　构	特　点	应　用
		能量调控元件	能量变换元件			
液压	液压能	线性功率放大器驱动的液压伺服阀	液压缸	液压作动筒	功率增益大、负载能力大、动态性能好、结构复杂、维护不便	适合于短时、大功率、快响应的飞行控制或有人驾驶飞行器的控制,如中距型导弹等
气压	气压能	线性功率放大器驱动的气压伺服阀	气压缸	气压作动筒	功率增益较大、结构比较简单,刚度低、动态性能差	适合于短时、中小功率飞行控制,如近距型导弹等
电动	电能	开关驱动的电力电子变换器	伺服电机、电磁元件、压电元件、智能变形材料	机械传动机构	结构简单、使用维护方便、可靠性高、适于长时间工作	正常式气动布局导弹等

由表 4-1 和表 4-2 可知,液压舵机、气动舵机和电动舵机各有优缺点。但综合比较,电动舵机综合性能具有明显的优势。

与其他类型的舵机相比,电动舵机优势非常明显,易于装弹,响应相对迅速,机械结构、工艺流程相对简单,精度和可靠性高,易于构成闭环系统,可靠性高,易于模块化安装,控制电路简单,占用体积小,维修及改装方便,弹体上的直流电源使用方便,信号传输与控制也较容易,因而在各种型号的弹体及航空器等先进飞行器中得到越来越广泛的应用。如美国的标准 RIM-66/67 中远程舰空导弹、苏联的根弗 SA-6 地空导弹和萨格尔 AT 系列反坦克导弹、法国的 8530 中距空空导弹等[33]。

表 4 - 2　不同类型舵机性能特性的比较

指标特性	液压舵机	气压舵机	电动舵机
承载能力	大	较大	大
快速性	快	较快	快
刚度	好	差	较好
重量	重	较重	轻
体积	大	小	小
工作时间	短	短	长
可靠性	低	较高	高

4.1.3　舵机系统设计一般要求

尽管对不同的舵回路系统的要求差别较大,但作为一种控制系统,在设计准则和设计方法上却是共同的。舵回路系统的设计要求包括静态特性、动态特性、接口要求以及可靠性、可维护性和使用环境的要求等。具体来说,舵机回路系统作为飞行控制系统的重要系统之一,一般情况下飞行控制系统对其具有以下技术要求[27]。

① 应满足控制系统提出的最大舵偏角 δ_{max} 和空载最大舵偏角速度 $\dot{\delta}_{max}$ 的要求。不同的导弹对舵偏角的要求不同,舵偏角的大小应当主要根据实现所需要的飞行轨迹及补偿所有外部干扰力矩来确定。对于现代导弹,其典型值为 $\delta_{max}=30°$。为了满足控制性能的要求,舵面必须具有足够的角速度。通常,舵面对指令跟踪速度越高,则制导系统工作精度越高。但舵面偏转角速度越高,则要求舵机的功率越大,因此舵偏角速度的典型值为 $\dot{\delta}_{max}=300°\cdot s^{-1}$。

② 应能输出足够大的控制力矩,以适应外界负载的变化,并在最大气动铰链力矩状态下,应具有一定的舵偏角速度。具体地讲,舵机输出力矩为

$$M \geqslant M_j + M_f + M_i \tag{4.1}$$

式中,M_j 为舵面上气动力产生的铰链力矩;M_f 为传动部分摩擦力矩;M_i 为舵面及传动部分的惯量力矩。

③ 舵回路应具有足够的带宽。一般舵回路的通频带应比弹体稳定回路的通频带大 3~7 倍(铰链力矩反馈式舵回路例外)。其典型值为:在控制频率 $f=10$ Hz 相位滞后 $\Delta\varphi \leqslant 20°$。

④ 对舵面进行反操纵作用时,舵面应具有有效的制动(刹车)能力。

⑤ 实现给定偏角的精度(失调误差),$\varepsilon=10'$。

⑥ 体积小,质量轻,比功率大,成本低,可靠性高,并且便于维护。

4.2　电动舵机

4.2.1　电动舵机的原理

电动舵机的功率能源为电力,是一种机电一体化装置,一般由直流(或交流)电动机、驱动器、控制器(含控制软件)、传感器及信号处理、传动机构和安全装置等构成。

电动舵机系统如图 4－8 所示。

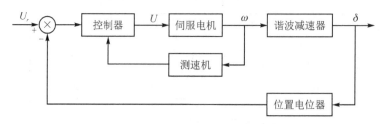

图 4－8　电动舵机系统

电动舵机工作时,舵机控制系统接受制导控制计算机的指令信号,按照控制律产生控制信号经驱动电路放大驱动伺服电动机转动,电动机转动带动减速器转动,由减速器减速后带动舵面偏转,保证舵面在规定的响应时间内以一定的精度趋近于给定的偏角。舵轴的转角经角位移传感器变换反馈构成闭环控制,同时将舵面的实际偏角反馈给制导计算机。

电动舵机主要由电机、减速器、控制器等部分组成,主要作用为驱动舵翼的偏转。电动舵机的关键是舵机的内部结构,以及电机的选型与电机的伺服控制系统。舵机的结构要求是精巧细致,减小舵机各部件的体积与重量,以及简化工艺装配流程,提高精度与可装配性,在设计时尽量采用一些标准件,这样计算时可以比较方便地把握传动规律。

电机的选型要根据舵机控制的要求,选择合适的电机类型,并且设计完善的电机控制系统。电机伺服系统的研究受到世界各国的重视,形成了一些比较成熟的电机系统控制技术,并应用到了弹药上面,如以色列的 GMM 120 出口型的穿甲弹,法国的 LRAC _F1 近程反坦克火箭弹等。随着电机制造技术不断向体积小型化与转矩巨型化发展,电动舵机的研究也会不断深入。

电动舵机由驱动机构和控制器组成,如图 4－9 所示。驱动机构包括电机、传动机构、传感器、支撑机构等,实现输入能源到机械能的转换,输出预定速度和动力,提供位置、速度等信息用于回路控制;控制器包括控制电路、功率变换电路等,是联系制导机、电源和驱动机构的电气接口装置,通过比较接收到的舵控指令和舵面反馈,经偏差校正形成控制信息,调控功率变换电路的输出,实现舵系统回路的闭环控制,并向制导机和测试设备输出位置反馈及测试信息。

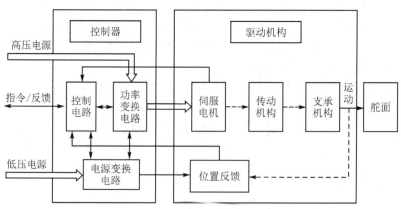

图 4－9　舵机组成

具体工作过程是：系统启动后，控制器接收制导机发出的舵控信号，并按预定的控制算法解算出控制量；控制器将控制量通过脉宽调制（PWM）的方式改变舵机的端电压，使电机的输出力矩和转速通过减速器传递给舵机输出轴，通过舵机输出轴带动舵面偏转，从而控制飞行器飞行。电位器与舵机输出轴同轴安装，将舵面转角转换为直流电压信号并送给舵机放大器。当输入信号的大小和极性改变时，则伺服电机的电枢绕组两端的电压大小和极性随输入信号而变化，从而使舵机输出力矩的大小和输出轴旋转极性亦随输入信号的大小和极性而变化，达到伺服控制的目的。因此，舵系统性能直接决定飞行器飞行过程的动态品质。

最早应用于弹载舵机上的电机是步进电机，它属于开环控制式电机，将直流供电转换为按照时序输出的脉冲，以获得电机的角位移。步进电机输出的转角或位移精度高，且上一步的误差不会保留到下一步；用最普通的处理器，例如 51、AVR 单片机，就能实现精确控制，但由于有的电机没有反馈且步分辨率低，所以精度不高。同时，这种电机启动和制动效果不好，容易产生丢步或者堵转的情况。

对舵机的精确控制实际上就是对电机的精确控制，并且要以这个目标来建立控制系统。传统的无刷直流电动机的控制核心主要有 ARM 和 DSP。在分析电机的工作原理和数学模型的基础上，结合经典控制理论，设计基于 PID 算法的电机闭环控制系统方案。随着自动控制理论的不断深入，对电机的控制开始由常用的 PID 控制逐步转向现代控制理论，其中模糊控制与 PID 控制技术相结合的控制方法已经开始研究。

4.2.2 电动舵机的发展现状

电动伺服技术虽然也是一项比较成熟的技术，但是在相当长的时期内，没能在飞行器舵机领域得到广泛应用，其主要是由于电动机体积、质量较大，功率载荷较低，机械传动机构比较笨重，机械传动间隙难以处理，系统的动态特性远远低于液压或气动舵机系统，难以满足导弹系统的性能要求[33]。电动舵机的发展历程如图 4 - 10 所示。

20 世纪 70 年代后期，随着新型稀土永磁材料的出现和专用驱动模块技术的日益成熟，电动舵机性能得到了大幅提高，特别是在快速性、负载刚度和温升等方面都有了明显的改善，而且还具有能源单一、结构简单、工艺性能良好等优点，目前受到世界各国的广泛重视。现阶段对国外电动舵机的介绍资料很少。比如，美国的 AIM - 120 空空弹采用了由直流无刷伺服电机和滚珠丝杠传动装置构成的电动比例舵机；以色列的无人机以及美国的 JASSM 航空智能炸弹采用了由直流伺服电机和谐波减速传动装置构成的电动舵机。

20 世纪 80 年代初出现的数字信号处理器（Digital Signal Processor，DSP）使得舵机等伺服系统的模块化和数字化更容易实现，使得在现代控制理论或其他一些复杂控制算法基础上需要快速在线计算和处理的控制原理和方法实用化。同时，电力电子技术的飞速发展使开和关都能控制的全控型电力电子器件相继问世。新器件的出现为电动舵机的数字化奠定了基础。

20 世纪 90 年代，欧美等西方先进国家越来越关注电动舵机的研究与开发，且在工程应用中取得了显著的成果，许多先进导弹都采用了以无刷直流电动机（Brushless Direct Current Motor，BLDC）作为动力源的电动舵机。具有代表性的是美国的带推力矢量控制（Thrust Vector Control，TVC）的 AIM - 9X 近距空空导弹，如图 4 - 11 所示。

从目前掌握的资料来看，美国的 X - 43A 试飞器电动舵机采用 150VDC 高压 PWM（脉冲

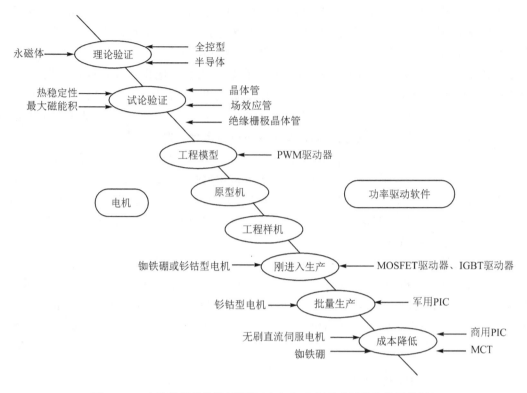

图 4 - 10　电动舵机的发展历程(以电机和功率驱动元件的发展为例)

图 4 - 11　TVC 发动机喷管使用的电动舵机

宽度调制技术)逆变驱动和无刷直流电机作为执行元件,采用 PWM 功率逆变器作为驱动组件,采用滚珠丝杠副和齿轮副作为传动机构。相对于低压 PWM 逆变驱动来说,高压 PWM 逆变驱动的效率更高,配合电机设计,更容易降低电流尖峰,实现高功率密度。无刷直流电机无机械换向装置,适用于低气压环境,可靠性高,寿命长。从技术指标来看,该型舵机具有高刚度、大负载、机械间隙小(在总行程的万分之一量级)等特点。舵机实物如图 4 - 12 所示。表 4 - 3 所列为该型电动舵机的部分参数。

图 4 - 12　电动舵机实物

表 4 - 3　X - 43A 试飞器尾翼舵系统主要技术参数

技术参数	量度值	技术参数	量度值
直线行程/mm	>66	最大空载速度/$(° \cdot s^{-1})$	115.8
最大负载/N	>11 125	刚度/$(N \cdot m^{-1})$	70 074 648
制动力/N	>17 800	重量(舵机)/kg	3.9
机械间隙/mm	0.012 7	工作温度/℃	−40～+71
空载带宽/Hz	>7.5	电源/(VDC)	110～155

我国同样在电动舵机领域完成了许多设计和试验,在一些产品中也有应用,但与欧美相比,在空空导弹电动舵机的研究及工程上都还存在较大差距。我国对弹用永磁同步电动机的关键控制技术的研究起步较晚,工程经验不多,另外,高转速、高功率的永磁同步电动机的设计与制造也与国外存在较大差距,具有自主知识产权或能自主生产的高精度高速度检测反馈装置、先进功率器件以及高速数字信号处理器也相当欠缺。

4.2.3　舵机系统的测试

在研制新型号的导弹、飞机等飞行器的过程中,需要对飞行器的性能进行全面测试,以确保飞行器的性能严格达到指标要求。

与传统的全实物实验相比,在实验室条件下模拟飞行器的空间环境,进行地面半实物仿真实验,所得实验数据可靠性更高且重复性好,可复现各种极端情况下飞行器的工作状况。在确保飞行器性能满足指标要求的同时,可显著缩短研发周期,节约科研经费。因此,地面半实物仿真实验已成为各种飞行器研制过程中的必要环节,受到广泛重视。舵机作为飞行器控制系统的执行机构,直接影响飞行器的整体性能。为了在地面半实物仿真实验中模拟舵机在各种飞行条件下所受到的力矩作用,人们设计了舵机负载模拟器。

作为地面半实物仿真实验中的重要设备之一,舵机负载模拟器用来对飞行器的舵机轴进行力矩加载实验,用于模拟飞行过程中舵面所受到的各种力矩作用。高性能的舵机负载模拟器是保证地面半实物仿真实验可靠性和可信度的基础。在实际仿真实验中,舵机按照舵指令进行位置伺服运动,由于舵机与舵机负载模拟器之间存在刚性连接,舵机负载模拟器随舵机运动,同时接收仿真计算机实时计算的力矩加载指令并输出相应的力矩,且可通过扭矩传感器反馈已作用于舵机上的力矩,来实现力矩伺服。

下面将介绍舵机负载模拟器,尤其是电动舵机负载模拟器。

4.3　舵机负载模拟器

4.3.1　舵机负载模拟器的意义

在新型号飞行器的研发过程中,需要在各种条件下对产品的性能进行测试,以确保所研制的飞行器的性能严格达到指标要求。舵机负载模拟作为半实物仿真中不可缺少的重要技术手段,用来对空间飞行器的舵机轴进行力矩加载试验,模拟飞行器舵面所承受的气动力载荷[34]~[36]。

在飞行器的实际飞行过程中,由于飞机或导弹的机动飞行使得舵面承受的气动力载荷不仅是舵面转角的函数,还是与空气参数、飞行器姿态、飞行马赫数和时间坐标相关联的复杂的非线性函数,这就导致了舵机轴的受力情况不断变化。如何保证舵机的工作性能(在承受不断变化的外扰力的作用下)是飞行器研制过程中的重要任务之一。为了在地面半实物仿真实验中模拟舵机所受到的各种力矩作用,以判断其性能是否满足飞行器系统的整体指标要求,舵机负载模拟器应运而生。早期的负载模拟器只是能够实现简单线性加载的机械式加载系统,其后出现的电液加载系统能够实现多种方式的加载,并且加载的力矩范围很大,但是其结构复杂、成本高,而且存在油液污染等问题,所以电液加载系统的应用受到了一定的限制。随着电力电子技术的发展及其应用技术的不断进步,迫切需要对电动加载系统进行研究,使获得高性能的电动加载系统成为可能[37][38]。

舵机负载模拟器性能的高低直接决定了半实物仿真实验所获数据的可靠性与置信度,是保证飞行器系统性能的基础。在实际仿真实验中,舵机做主动运动,电动负载模拟器跟随舵机运动,同时进行力矩加载,舵机一边根据位置伺服系统的指令信号转动,一边承受电动负载模拟器对其施加的力矩。因此,根据在半实物仿真实验中所扮演角色的不同,电动舵机负载模拟器又称为加载系统,舵机又称承载系统。一般情况下,负载模拟器与舵机轴固连在一起,舵机的运动对负载模拟器产生的干扰力矩成为多余力矩,多余力矩严重影响着负载模拟器的跟踪精度。因此如何克服多余力矩、减小跟踪误差、提高负载模拟器的性能一直是航空航天领域需要解决的重要课题。

4.3.2　舵机负载模拟器的功能

在舵机性能测试和制导弹药半实物仿真实验中,舵机负载模拟器系统用于复现舵机的舵面在空中所受的载荷,其主要功能如下[39]:

① 能够用于多种舵机的加载,包括线性舵机、自激振荡线性化舵机和脉宽调制舵机等;

② 能够用于旋转弹和非旋转弹飞行仿真实验的舵机负载模拟;

③ 具有负载刚度伺服系统,能够根据需要实时调节负载刚度;

④ 具有动态攻角跟踪系统,能够跟踪舵机攻角、侧滑角引起的舵机负载变化;

⑤ 具有两种舵机负载刚度设定方式:导弹飞行仿真计算机设定和模拟器主控计算机设定;

⑥ 具有三种舵机指令设定方式:弹上控制器设定、主控计算机设定和直接模拟量设定;

⑦ 能够显示当前刚度值和舵机摆角;

⑧ 具有系统自检和标定功能。

4.3.3　舵机负载模拟器的分类

负载模拟器按其执行机构的不同,通常分为机械式负载模拟器、电液负载模拟器和电动负载模拟器。这也是负载模拟器的结构随执行机构的发展变化所大致经历的三个阶段,下面分别对其进行简要阐述。

1. 机械负载模拟器

此类负载模拟器一般利用质量块或惯性盘模拟惯性负载,使用弹簧、弹性钢板或加载杆件模拟弹性负载,通过反作用力获得加载力矩。因其以承载对象在作用过程中始终保持静止状态为前提,所以系统结构简单,不存在多余力矩,加载精度很高。但这类负载模拟器体积大,使用起来不灵活,改变参数困难,不能实现任意函数的力矩加载。机械式负载模拟器按工作方式可分为扭杆式和悬臂梁式两种。

（1）扭杆式加载器

如图 4-13 和图 4-14 所示,在红缨 5 导弹的舵上安装了扭杆式加载器,用于地面的半实物仿真,检测舵的性能。

扭杆机构

图 4-13　红缨 5 导弹的舵　　　图 4-14　红缨 5 导弹的舵加上了扭杆机构后进行加载试验

图 4-14 所示的扭杆式由具有不同刚度系数 K 及最大线性扭转角 α 的加载杆组成。每一个加载杆由固定套筒和扭杆套装而成。扭杆具有一定的扭矩,加载时根据弹道上某一启动点舵面的铰链力矩和最大舵偏角,选用相应刚度系数及最大线性偏角的加载杆,使其将扭杆和舵机固连,加载杆套筒和舵舱机座刚性固连,在加载扭杆上配以适当的舵面惯量用于模拟。舵机工作时,就能完成舵面的加载和舵面惯量的仿真。

（2）悬臂梁式加载器

悬臂梁式加载器的加载原理是基于悬臂梁受到力的作用而产生弹性变形,以此来模拟舵面所受的铰链力矩。图 4-15 所示为悬臂梁式加载器的工作原理。图中 4 个弹簧板的刚度是相同的,其一端与舵机轴刚性连接,另一端与机座刚性固定。当舵机产生转角后,弹簧板产生一个与转角成比例的力矩信号,只要选用不同刚度的弹簧就可以给舵机施加不同梯度的负载。

2. 电液负载模拟器

针对机械式加载系统的缺点,又研制出了电液伺服负载模拟器。电液伺服负载模拟器是在 20 世纪 70 年代初由日本学者池谷光荣研制的,之后世界上许多国家都研制出了用于模拟飞行器舵面所受空气动力的力矩负载模拟器。我国也在 20 世纪 70 年代开始了负载模拟器以

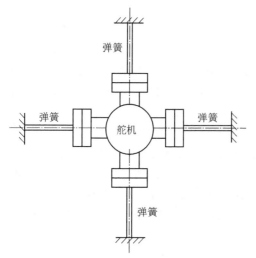

图 4-15 悬臂梁式加载器的工作原理

及被动式电液伺服系统的研究工作,主要有北京航空航天大学、西北工业大学、哈尔滨工业大学、航空航天部门的研究院所等对加载系统的负载模拟做了理论分析及试验研究,并取得了一定成果。到目前,已经有数台导弹舵面空气动力负载模拟器的原理样机和可供实际使用的产品。电液负载模拟器以精度高、频带宽、力矩大而得以在负载模拟器领域占有主导地位,而且国内外的研究文献十分丰富。由舵机主动运动引起的多余力矩问题,也成为加载控制领域的一大研究热点。

电液加载系统采用复杂的高压油源作为动力,需要大功率电机加压,占用体积大、噪声大,需要建立专用的油源房间并进行降噪处理,因此成本很高;液压加载通过压力流量阀实现,如长时间不用或使用一段时间,需要专业厂家进行清洗,周期较长[40]。目前液压加载系统主要适用于高频、大幅值、直线加载的场合。

典型的电液负载模拟器,如美国 BOEING 公司生产的 CSAL 型导弹舵面空气动力负载模拟器,它由 4 个加载通道组成,其结构简图如图 4-16 所示。

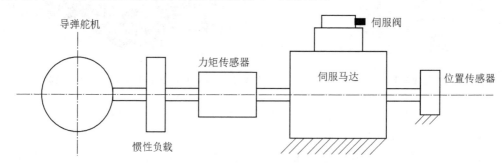

图 4-16 电液负载模拟器的结构

电液伺服负载模拟器由一个位置控制系统和一个力矩加载系统组成,其结构原理如图 4-17 所示。其中,位置控制系统用于仿真舵机的舵面驱动系统的运动状态,力矩加载系统用于仿真舵面所受到的随机的空气动力力矩载荷谱。由该结构原理可知,力矩加载系统和舵机位置系统分别由扭矩传感器和位移传感器的反馈连接构成闭环控制,加载发动机转轴与舵机(对象发动机)转轴刚性地连接在一起构成负载力矩仿真系统。

3. 其他形式的加载系统

除了机械式和电液式的负载模拟器,还有一种磁粉制动器负载模拟器。这种加载系统主要根据电磁学原理而制造,利用磁性铁合金粉末来传递扭矩。它利用激磁电流与制动扭矩间的近似线性关系,故可通过控制电流来产生模拟扭矩。磁粉制动器加载平稳,无噪声,系统比较简单,但加载精度不高,且不能实现正反向快速加载,只适用于一般工况的扭矩模拟与再现。

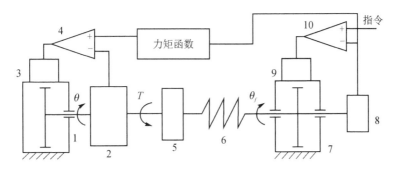

1—加载马达;2—扭矩传感器;3,9—伺服阀;4,10—控制器;
5—惯性负载;6—弹性刚度;7—对象马达;8—角位移传感器

图 4-17　电液负载模拟器原理

4. 电动负载模拟器

电动加载系统一般采用直流力矩电机作为加载执行机构,其伺服刚度明显小于电液加载系统,其结构本身就有利于减小多余力矩,但同时也降低了其加载频宽。此类加载系统响应快,机械结构和工艺流程相对简单,重量体积小,易于控制器通信,精度和可靠性高;但它的输出力矩较小,频宽较低,且只能通过控制算法而非改变系统结构以抑制多余力矩,目前主要应用于高精度、小力矩的加载场合。在实验中舵机需要的加载力矩相对较小,同时又要求较高的加载精度,所以选用的是电动负载模拟器。

4.3.4　电动舵机负载模拟器的详细介绍

1. 电动舵机负载模拟器的组成及原理

舵机负载模拟器是被动式力矩伺服系统在实际工程领域中的典型应用之一,因此舵机负载模拟器具有与普通力矩伺服系统相类似的结构。一般的电动舵机负载模拟器主要由加载电机、PWM 驱动装置、传感器以及控制器(控制器为系统核心)组成。电动负载模拟器(Electrical Load Simulator,ELS)是一个受舵机位置影响的力矩伺服系统,它与舵机系统一同构成了完整的电动加载系统,如图 4-18 所示。

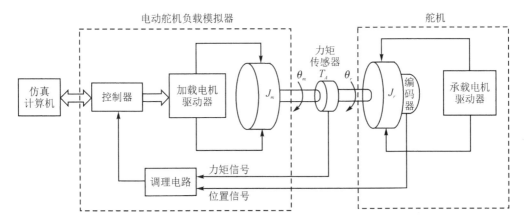

图 4-18　电动舵机负载模拟器原理

由图可知,舵机作为被加载对象与加载电机通过刚性轴直接相连。加载过程中,力矩传感器和光电编码器采集相应的力矩信号与位置信号,经过调理电路调理及 A/D 转换后进入控制器。控制器根据仿真计算机传输的指令,按照预先设计的控制算法输出控制信号,通过 D/A 转换传给加载电机的 PWM 驱动装置,控制加载电机的输出力矩,使系统的期望输出和力矩加载指令信号一致。

舵机负载模拟器工作过程:根据弹体的飞行参数,实时计算出舵机的负载刚度;将舵机的负载力矩分解为舵偏负载力矩和非舵偏负载力矩,其中舵偏负载力矩与舵偏角呈线性关系,非舵偏负载力矩与动态攻角相关;负载刚度伺服机构控制模拟器的加载刚度,舵偏负载力矩随着舵机摆角自然产生,动态攻角跟踪子系统跟踪飞行器的动态攻角,从而产生非舵偏负载力矩;上述两个力矩在模拟器内部耦合叠加后输出,保证舵机负载模拟器输出满足加载要求的负载力矩。

根据上述舵机负载模拟器的工作原理,模拟器需要由计算机控制子系统、负载刚度伺服子系统、动态攻角跟踪子系统、反力矩加载子系统和转动惯量调节组件等部分组成。单一通道舵机负载模拟器的系统组成如图 4-19 所示。

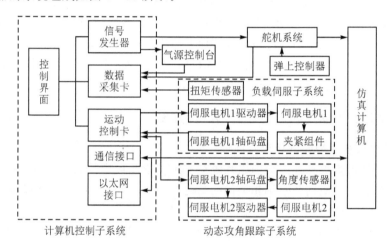

图 4-19 单一通道电动舵机负载模拟器的系统组成

2. 电动舵机负载模拟器的关键技术

舵机负载模拟器根据舵机是否运动存在两种加载类型,即主动加载和被动加载。若舵机负载模拟器在加载过程中承载对象始终保持静止(如对舵机结构、材料等进行强度测试),此时负载模拟器工作在主动加载模式下,由于承载对象静止,系统控制可以达到很高的精度且易于实现。若舵机负载模拟器在加载过程中承载对象自身存在运动,如舵机系统按照舵指令进行位置伺服,此时负载模拟器工作在被动加载模式下,这也是负载模拟器的主要工作模式。

目前主流的舵机负载模拟器不管是电液式的还是电动式的,在对舵机进行力矩加载的同时,都要随着舵机一起运动,因此,舵机负载模拟器是典型的被动式加载系统。

舵机与负载模拟器之间的机械连接决定了两者之间存在强耦合关系,负载模拟器对于舵机系统施加力矩扰动,而舵机运动对于负载模拟器施加位置扰动,舵机的主动运动造成了载荷失真。在被动加载模式下,经常使用加载梯度这一概念,表示舵机负载模拟器加载力矩与舵机转角之间的函数关系。加载梯度可间接描述飞行器的气动导数,通过修改加载梯度,即可获得飞行器在飞行过程中的气动载荷谱,进而通过舵机负载模拟器输出相应的模拟载荷。在被动加载模式下,舵机的位置扰动将严重影响该模拟载荷的加载精度,舵机的位置扰动也给系统的分析和设计带来了新的问题——多余力矩。

多余力矩是指在加载指令为 0 且不施加任何补偿和控制作用时,由于舵机主动运动而对加载系统产生的力矩。一方面,多余力矩的产生本质上是由于舵机的主动运动,因此,负载模拟器只有很好地跟踪舵机系统的运动,多余力矩才会减小,负载模拟系统动态性能才会提高;另一方面,负载模拟器和舵机系统之间的机械连接使得多余力矩不可避免,只能最大限度地补偿和抑制多余力短。多余力矩的存在严重影响了负载模拟器的动态特性和加载精度,甚至会出现载荷谱信号被多余力矩完全湮没的情况。

以图 4-20 为例,对电动加载系统在启动过程、正常运行和换向过程中多余力矩产生的机理分别加以分析:

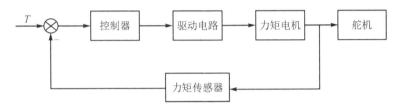

图 4-20　电动舵机加载系统原理

(1) 启动过程

在加载系统启动前,加载电机和舵机均处于静止状态,此时多余力矩为零。当舵机顺时针转动时加载系统启动,电机电枢被迫顺时针转动,从而产生反电动势。反电动势作用于电枢,产生电枢电流,进而产生电磁转矩。此电磁转矩方向为逆时针,与电机运动方向相反,即为瞬态多余力矩。

(2) 正常运行

与启动过程相似,在加载系统和舵机正常运动中,当舵机有一角位移变化时也会产生多余力矩。

(3) 换向过程

舵机运动换向,电枢反电动势也跟着换向。然而由于滞后的存在,电机电枢电压还来不及换向,从而导致二者之差很大,使电枢电流非常大。电枢电压需要改变方向才能消除多余力矩。

因此,如何补偿和抑制多余力矩成为舵机负载模拟器的关键,只有在充分补偿和抑制多余力矩的基础上,才能进一步提高载荷谱跟踪精度。

在动态加载过程中,由舵机运动引起的多余力矩会严重影响系统的加载精度,使系统的稳定性变坏、频宽变窄、加载灵放度降低。因此必须设法对其进行抑制。要消除多余力矩可以采取被动补偿和主动补偿两种方法。被动补偿的基本原理是增大电流或机械机构的滤波作用,从而在结构上减少多余力矩的影响,如增加电机电枢电阻、降低连接刚度、增大电枢电感等,但这些措施都以增加能源损耗、降低系统频带作为代价,因而不宜单独使用,在高性能加载系统上更是无法应用,故目前一般多采用主动补偿的方法。

多余力矩的产生和舵机运动角速度直接相关,那么,如果使加载电机和被加载舵机的速度同步就可以消除多余力矩。加载力矩通过保持加载电机输出轴的角位移与舵机输出轴等效的角位移存在的角度差,计算所需的力矩,可通过力矩反馈实现控制。要达到更高的精度,必须尽可能地做到两个输出轴的角速度同步,然而由于速度传感器的精度和加载电机的动态特性等问题,直接速度闭环控制很难达到预期效果。

在负载一定的情况下,舵控指令就决定了舵机的运动速度,它在控制舵机运动的同时,完全可以将该信号引入加载电机的伺服控制中,这样就保证了两者的速度同步,该信号的最大特点是可以近似为速度信号,并且噪声小,滞后很少,具有超前性,完全可以用来消除多余力矩。同时,多余力矩不仅与舵机运动速度有关,还与运动加速度有关,因此,如果能用该信号的微分进一步进行补偿的话,效果会更好,会使跟踪载荷谱的频带更宽。其控制结构如图 4 - 21 所示。

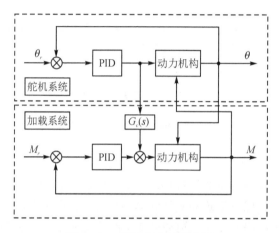

图 4 - 21   速度同步控制方案

从另一个角度讲,舵机的执行机构和加载系统的执行机构在数学模型上是相似的,但是鉴于两系统的传递函数的差异,需要加入校正环节进行补偿。补偿环节采用的一般形式为

$$G_c(s) = \frac{K_{com}(T_{com}s + 1)}{T_1 s + 1} \tag{4.2}$$

式中,T_1 为滤波环节的时间常数,其频宽一般选择为舵机频宽的 5 倍以上;K_{com} 为补偿环节的增益;T_{com} 为补偿环节中的微分时间常数。

3. 电动舵机负载模拟器的关键指标

负载模拟器的跟踪误差主要由两部分组成,一部分是加载系统本身对于指令信号的滞后和幅值误差,另一部分是由于舵机运动引起的多余力矩干扰。对于指令信号来说,系统在未校正前为 0 型系统,为了实现无稳态误差必须加入积分环节校正。实际使用中的载荷谱可以是时间的任意函数曲线,要实现无差跟踪必须加入更多的积分环节进行校正,使系统高阶无静差。但是当串入多个积分校正环节时,系统很难稳定工作、动态品质也因此变坏。系统动、静态品质之间常常是相互矛盾的,单纯采用提高系统阶数的方法来解决高阶无静差问题往往是不现实的。其实工程上有差是绝对的,无差是相对的,最终的衡量标准还是误差的大小问题,因此在负载模拟器的研究与设计过程中必须首先仔细研究负载模拟器的评价指标体系[41],表 4 - 4 所列为某型号导弹舵机负载模拟器参数指标,以供参考。

表 4 - 4　某型号导弹舵机负载模拟器参数指标

技术指标	电动舵机模拟	气动舵机模拟
通道数	4	4
最大加载力矩/(N·m)	50	5
力矩加载精度/(N·m)	0.1	0.02
梯度/(N·m/(°))	0.1~2.5	0.02~1
动态力矩加载	频带不小于 10 Hz	适应试验需求

（1）舵机工作频段内负载模拟器的无扰加载特性指标

根据工程经验,无扰跟踪指标采用"双二"指标（舵机轴静止,加载力矩指令与实际加载力矩之间的相角变化 20° 和幅值变化不大于 2% 的最高频率）或者"双十"指标（舵机轴静止,加载力矩指令与实际加载力矩之间的相角变化 10° 和幅值变化不大于 10% 的最高频率）。这样可以使系统频域特性低频段平坦,从而保证系统具有精确跟踪载荷谱的能力。目前国内通常采用"双十"指标,通常要求无扰跟踪频宽的范围在 5~20 Hz。而系统的无扰加载频宽（舵机轴静止,实际加载力矩与加载力矩指令之间的幅值衰减 3 dB）反映了加载系统的潜力,但为了防止负载模拟器在阶跃响应时的超调太大而对舵机造成损害,应该对负载模拟器的力矩阶跃响应超调量加以限制（如超调量小于 20%）。

（2）多余力矩的消除指标

通常用消除多余力矩的百分比来评价多余力矩的消除情况,即在一定的频率范围内多余力矩消除量占补偿前系统多余力矩的百分比,即

$$\lambda = (T_{f1} - T_{f2})/T_{f1} \times 100\% \qquad (4.3)$$

式中,λ 为多余力矩消扰率;T_{f1} 为消扰前系统的多余力矩（N·m）;T_{f2} 为消扰后系统的多余力矩（N·m）。

该指标基本反映了系统消除多余力矩的程度和能力。但需要注意的是,它不仅与多余力矩消除方式有关,还与原系统控制器参数有很大关系,因为原系统控制策略本身就具有一定的鲁棒性,能够在一定程度上减小多余力矩的影响[34]。

（3）系统的最大跟踪误差指标

由于多余力矩和舵机的角速度直接相关,应该要求负载模拟器在舵机的最大角速度下、规定频带以内的各频率点最大幅值的最大跟踪误差绝对值小于 n N·m（n 的具体数值应该由负载模拟器的最大设计输出力矩和舵机位置刚度决定,一般为最大输出力矩的 10% 以内）。同时文献[34]指出测试中最好使舵机和负载模拟器各自按照自己独立的频率和幅值运动和加载,两者之间不应存在某种关系。目前,国内主要通过有扰加载频域指标来衡量系统的最大跟踪误差情况,有扰加载频域指标是指在舵机扰动工况下实际加载力矩与加载力矩指令之间的相角变化 10° 和幅值变化不大于 10% 的最高频率作为衡量负载模拟器系统的动态指标。

4.3.5　电动舵机负载模拟器控制策略

电动负载模拟器控制的主要目的是对给定的加载力矩指令实现快速精准的跟踪,但由于舵机运动产生的多余力矩严重影响加载系统的控制性能、精确性和加载甚至出现"顶牛"现象

无法实现加载,因此,策略主要集中在两个方面,一是消除、抑制多余力矩;电动负载模拟器的控制二是在有效抑制多余力矩基础上,控制算法能否进一步地提高力矩加载精度。随着国内外在负载模拟器领域研究的深入,各种控制方法不断应用于电动加载系统中,常用的控制方法主要有基于数学模型的传统控制方法和基于控制决策的智能控制方法。

1. 传统控制策略

(1) 速度同步控制方法

在加载系统进行力矩闭环的基础上再加一个速度闭环,文献[42]采用此法将舵机的输入指令信号引入加载系统,使加载电机和被加载舵机的速度同步,以此消除多余力矩。而加载力矩可以通过保持加载电机输出轴角位移与舵机输出轴等效角位移存在一定的角度差,就可以产生所需的力矩。要实现高性能加载系统的精度要求,必须尽可能地做到两个输出轴的角速度同步,然而由于速度传感器的精度和加载电机的动态特性等问题,使得直接速度闭环控制很难达到预期效果。

(2) 基于结构不变性的复合控制方法

采用结构不变性原理抑制多余力矩的方法是北京航空航天大学自动控制系在 20 世纪 70 年代末提出来的。该方法通过引入舵机的位置等信号进行前馈补偿来达到消除多余力矩的目的,是工程中普遍采用的一种补偿方法[44]。该方案的优点在于系统结构简单,便于计算机实现,跟踪载荷谱的快速性比较好。文献[46]分别利用舵机的位置信号和速度信号进行前馈补偿控制来消除多余力矩,校正后的系统经仿真分析及实际测试,能够满足电动负载模拟器所需达到的控制性能指标;文献[46]提出用舵机侧的力矩电流进行前馈的补偿方法,该方法虽能降低补偿传递函数的阶数,理论上更容易实现,但由于此法加强了舵机与负载模拟器的耦合关系,目前仅在仿真验证阶段。

(3) H_∞ 控制方法

H_∞ 控制方法通过恰当地选择评价闭环系统控制性能和稳定性的权重函数,使用合适的优化算法设计控制器,使其由广义输入扰动到广义误差输出的闭环系统传递函数的范数达到极小。文献[48]通过选择恰当的连接刚度和权重函数,采用基于混合灵敏度的 H_∞ 控制策略设计、求解了电动负载模拟器控制器参数,并通过仿真和试验验证了所设计的控制器在系统闭环时的静态和动态工作性能。

(4) 定量反馈控制方法

定量反馈控制方法是一种频域设计方法,即当控制对象在 Bode 图中能表示成一些幅值和相位的曲线时,利用这些反馈信息量,应用定量反馈理论(Quantitative Feedback Theory, QFT)就可以简单地设计出一个控制器和前置滤波器,使控制对象具有期望的鲁棒性[49][50]。

传统的控制方法在负载模拟器控制系统中的应用还有很多,如开/闭环同一性理论、多变量解祸控制、最优控制等。文献[51]提出的在应用前馈补偿的基础上,对加载系统进行最优控制,采用积分策略增广系统状态方程,并引入期望衰减度定义性能指标来构造系统的最优控制。仿真结果表明,在最优控制和前馈控制的复合控制下,加载系统具有相对最佳的跟踪性能。

2. 智能控制策略

传统的控制方法是将负载模拟器的各个环节线性化考虑,所建数学模型为精确的数学模型。但是在实际系统中一方面存在很多非线性的因素(如饱和、间隙、摩擦和弹性形变等),另一方面经典理论设计的控制器为了达到较高的性能指标往往需要某方面的指标要求(如阶跃响应超调量)必须降低。因此,智能控制的引入成为一种趋势。

　　文献[52]提出了将 PID 反馈控制和迭代学习控制相结合以构成加载复合控制器,有效地抑制了多余力矩,消除了传动间隙和加载对象参数变化对系统的影响,实现了加载力矩的高精度跟踪控制。文献[53]提出一种基于神经网络和前馈补偿相结合的复合控制器,利用神经网络进行在线辨识、控制来补偿系统的非线性部分,很好地抑制了多余力矩,极大地改善了系统动态加载性能,具有很强的鲁棒性。文献[56]结合电动加载系统实际运行特性,提出一种离线设计,在线调整的 RBF 网络构建算法,设计了基于 RBF 网络的直接逆模型控制器,有效抑制了多余力矩的产生,极大地提高了加载精度。

　　文献[57][58]将模糊 PID 控制器应用于电液舵机负载模拟器中,采用的模糊 PID 控制器结构如图 4 - 22 所示。通过模糊自适应控制,在线调整 K_p,K_i 和 K_d 参数,可显著提高加载系统的力矩跟踪精度,而且使非线性及不确定性等因素对系统的影响非常小。但设计模糊PID 控制器时存在其量化因子和比例因子等控制参数难以调整的问题。

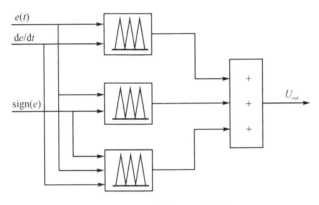

图 4 - 22　模糊 PID 控制

　　文献[59]采用在非线性前馈校正基础上的模糊自适应控制策略,通过仿真验证了该算法可以较好地消除了系统的多余力矩,同时克服系统的非线性及参数时变等因素的影响,改善系统的动态品质。但如果单纯地利用模糊控制思想消除多余力矩,则参考模型的选择对系统性能影响较大,所以在此类控制器中参考模型的选择是关键,一般将无扰动电动负载模拟器系统的开环数学模型作为模糊控制器的参考模型。智能控制理论虽在电动负载模拟器的控制系统中已有实际应用,但绝大多数还处于仿真验证阶段,将其应用于实际系统中还有很多工作要做。

4.4　电动舵机系统测试实验

　　舵机系统是一个高精度的位置伺服系统,是导弹控制系统的重要执行机构。电动舵机系统的测试是对舵机系统质量及技术性能进行综合评价的重要环节,是舵机系统投入使用前的重要工序[60]。由于实验条件的限制,本实验不考虑舵机带载情况下的指标,只对舵机系统的空载指标进行测试,主要通过 Simulink Real-Time 实现对舵指令、数据长度以及校验方式等不同的帧封装,从而实现对电动舵机的测试,并接收来自电动舵机系统反馈的舵偏角信息,将舵指令和舵偏角进行综合处理,以得到舵机系统的性能。

电动舵机系统的组成已经在图4-8中展示过,系统包括了控制器、伺服电机和传感器,弹载计算机可以直接向舵机系统发送指令舵偏角,这种指令可以是用电压表示的模拟量,也可以是采用某种通信方式的数据包,李佩珊在文献[60]中提到了2套舵机系统,均采用了RS-422串行通信方式,其中一套舵机的通信协议如表4-5所列

表4-5 某舵机通信协议

帧　头	地　址	数据长度	命令字	数据段								校　验	帧　尾
					4号舵片		3号舵片		2号舵片		1号舵片		
55	AA	25	0A	C9	18	xx	xx	xx	xx	xx	xx	xx	xx	xx	F0

本实验中,舵机系统采用HT-S-4310来代替(见图4-23),HT-S-4310是一款内部集成驱动器的直流无刷电机,总质量为162 g,驱动器采用磁场定向控制(FOC)算法,配合高精度的角传感器能实现位置闭环控制、速度闭环控制、基于电压的力矩控制,电机具备异常提示和保护功能,支持RS485接口。

图4-23 实验用的HT-S-4310舵机系统

HT-S-4310配备的角传感器采用14线的绝对位置编码器,上电无须寻找零点,角度分辨率为360/16 384＝0.022°。舵机系统的通信协议如表4-6所列。

表4-6 舵机系统通信协议

字段名	字节数	说　明
协议头	1	主机发送的协议头为0×3E,从机应答的协议头为0×3C
包序号	1	舵机应答的包序号与主控制器发送给舵机的包序号相同
设备地址	1	—
命令码	1	不同的命令有不同的命令码,用于区分命令类型
数据包长度	1	数据字段字节数量(数据字段的字节数可以为0)
数据字段	0~60	命令码附带的数据
CRC16校验	2	协议头至数据字段进行CRC16_MODBUS校验

通信命令举例:舵机相对位置控制转动1 000 Count位置,即转动1 000×0.022＝22°。数据说明如图4 24所示。

HT-S-4310更详细的通信协议内容参见附录G。

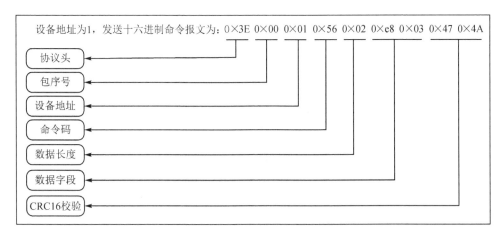

图 4 - 24　HT - S - 4310 的数据包样例

4.4.1　CRC 校验实验

1. 实验目的

① 了解数据校验的必要性。

② 学习 CRC 数据校验算法。

2. 实验原理与步骤

为了确保数据传输过程中的正确性,需要对数据进行校验,比如我国的身份证号一共是 18 位数字,最后 1 位就是校验码,是前 17 位的加权和除以 11 取余数,然后查表得到。身份证号的传输过程中如果出现错误,就很容易通过校验码检测出来。前文提到,HT - S - 4310 的数据包的最后 2 个字节是前面所有字节的 CRC16_MODBUS 校验码。

CRC 即循环冗余校验码,是数据通信领域中最常用的一种查错校验码,其特点是信息字段和校验字段的长度可以任意选定。循环冗余检查是一种数据传输检错功能,对数据进行多项式计算,并将得到的结果附在帧的后面,接收设备也执行类似的算法,以保证数据传输的正确性和完整性。CRC16_MODBUS 是一种 16 位二进制的校验码,刚好是 2 个字节,其多项式为 CRC16_MODBUS 校验码的计算方法。

3. 实验报告

① 说明 CRC 校验原理,给出 CRC16_MODBUS 的计算方法。

② 编制 MATLAB 程序,实现对图 4 - 24 的校验码计算。

③ 给出任意多个字节组成的数据包,计算校验码。

4.4.2　电动舵机测试实验

1. 实验目的

① 了解 RS232 接口的通信原理。

② 掌握 HT - S - 4310 的实时测控方法。

2. 实验原理与步骤

HT - S - 4310 支持 RS485 接口,第 1 章中导引动力学仿真实验设备下位机的主板自带

RS232 接口,可以通过一个 RS232 转 485 的转换器,实现下位机与舵机的物理连接,如图 4 - 25 所示。

图 4 - 25　RS232 转 485 转换器

接下来,就是利用 Simulink Real-Time 实现 RS232 接口的实时通信。在 Simulink Real-Time 工具箱中,找到串口,设置符合 HT - S - 4310 要求的波特率和数据包格式,然后对 HT - S - 4310 的实时测控,并完成实验报告。

3. 实验报告

① 概述 RS232 接口的通信原理。

② 分析 HT - S - 4310 的角度阶跃响应曲线。

③ 分析 HT - S - 4310 的性能,包括延迟时间、启动电流、阶跃响应的上升时间与超调量等。

第 5 章　电视制导

　　本章的实验内容为在 VC 环境下搭建获取摄像头图像并对特定目标进行检测跟踪的平台,实验目的有三:一是了解电视制导的概念及基本原理;二是学习基本的图像处理及跟踪算法;三是实现电视图像目标的检测与跟踪的程序开发。基于上述实验目的,本章先简要介绍电视制导原理,再介绍简单的图像处理与跟踪算法,最后介绍在 VC 环境下实现电视制导仿真的实验内容以及实验步骤。

5.1　电视制导原理

　　电视制导(Television Guidance)是利用电视摄像机作为制导系统的敏感元件,获得目标图像信息,形成控制信号,以控制和导引导弹或炸弹飞向目标的制导方式。导引头中的电视摄像机开机并搜索、捕获、跟踪、锁定目标。同时利用导引头所敏感的俯仰误差角、航向误差角和倾斜误差角,将其产生的误差电压反馈给弹体使其按预定方向飞行。

　　电视制导作为制导方式始于第二次世界大战中,美国于二战中使用的滑翔弹是电视制导方式的最早应用。在现代战争中特别是海湾战争以来,电视制导在飞航导弹制导中占有重要的地位。电视制导是利用目标反射的自然可见光信息,对目标进行捕获、定位、追踪和导引的制导方式。

5.1.1　电视制导的分类及特点

　　电视制导按照所摄取目标辐射或反射光的波长可分为可见光电视制导和红外电视制导。

　　红外电视制导是利用导弹头部的热成像仪摄取目标图像信息,通过数字计算机对目标图像信息进行处理,形成控制信号来控制导弹飞行的制导方式。由于采用红外波段,白天、黑夜或者目标有简单伪装时,红外图像制导的导弹均能正常使用,具有较好的全天候作战能力。但是,红外热成像的技术难度大,成本较高。

　　可见光电视制导具有技术上比红外电视制导成熟的优点,由于电视分辨率高,能提供清晰的目标图像,便于鉴别真假目标,制导精度很高。但因为电视制导是利用目标反射可见光信息进行制导的,所以在烟、雾、尘等能见度差的情况下,作战效能下降,且夜间不能使用。机载发射的可见光电视制导和红外电视制导的反坦克导弹均已研制成功。

5.1.2　电视制导的方式及基本原理

　　电视制导有电视指令制导和电视寻的制导两种方式。

1. 电视指令制导

　　电视指令制导系统是早期的电视制导系统,借助人工完成识别和跟踪目标的任务。它由装在导弹上的电视摄像机、电视发射机、发射天线、指令接收天线、指令接收机、自动驾驶仪,装在载机上的电视接收天线、电视接收机、计算机、指令发射机、发射天线等组成。

导弹发射后,其头部的电视摄像机不断地将目标及其周围环境摄取下来,用无线电波发送到载机,飞机上操纵人员得到目标的直观图像,从多个目标中选取需要攻击的目标,然后用无线电指令形式发送给导弹,通过导弹上的自动驾驶仪控制导弹,使它跟踪并飞向所选定的目标。

电视指令制导的优点是弹上制导设备简单,但操纵人员要始终参与制导过程,而且它受能见度影响大,容易受电子干扰[61]。

2. 电视寻的制导

电视寻的制导系统是近期发展的电视制导系统,它与红外自动寻的制导系统相似。导弹从载机上发射后就与载机失去联系,完全依靠导弹上的电子光学系统(电视自动寻的头)自动跟踪目标,并通过导弹自动驾驶仪控制导弹飞向目标。

电视寻的制导系统全部装在导弹上,由电视自动寻的头和自动驾驶仪等组成。电视自动寻的头是系统的核心部件,它由电视摄像机、图像信息处理装置、跟踪伺服机构等组成。

导弹上装有的电视摄像机摄取目标图像,在导弹发射前,传输到操作者面前的电视屏幕上。在外界可见光照射下,外界景物经过光学系统和电视摄像管变为视频电信号,信息处理装置按视频信号的特点判定视场内是否存在目标。无目标时,摄像机中的光学系统反复扫描;有目标时停止扫描并给出目标方位与光学系统轴线之间的偏差信号。跟踪伺服机构根据这个信号调整光学系统,当目标图像与电视荧光屏上的十字线重合时,目标即被截获。若目标处在导弹允许发射的距离范围内,即可发射导弹。

导弹发射后,目标图像不再发送给载机,而由导弹自动跟踪。导引头对目标锁定,自动跟踪并形成控制指令,或通过图像识别(将自动导引过程中摄取的目标图像与截获目标时所储存的目标图像进行比较)形成控制指令。

20世纪80年代以电荷耦合器件(CDC)代替摄像管,使图像灵敏度和清晰度大为提高。以图像识别系统代替原有的简单图像信息处理装置,在背景比较复杂和目标形成的电平无显著特征的情况下,也能识别目标。

系统主要分成3个部分进行设计:发射机与接收机部分,调制与扩频通信部分,图像处理部分。图5-1所示为电视寻的制导系统的设计流程。系统通过导弹上装载的CCD光电探测器搜索、捕获、跟踪、锁定目标,并进行视频图像采集,然后对图像预处理及压缩,最后由扩频调制发送给飞机上的接收机。接收机接收到信号后首先进行解扩解调,然后对图像进行恢复,再由CRT显示。

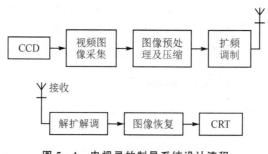

图5-1 电视寻的制导系统设计流程

利用电视摄像机摄取目标图像获得制导信号的导引头称为电视导引头。电视导引头捕获到目标后,就按导引规律自动跟踪目标并不断发出控制信号给导弹执行机构,以修正导弹的飞行轨迹。为了克服飞行过程中振动的影响,电视摄像机通常要用陀螺加以稳定。导引头包括电视摄像机、行场锯齿波发生器、同步机、偏转扫描电路、门电路、视频处理电路、角跟踪和伺服机构等。

电视导引头的关键部件是电视成像跟踪系统,跟踪系统最主要的核心部件是其前端的光电探测器。电视摄像机开机并搜索、捕获、跟踪、锁定目标,同时利用导引头敏感的俯仰误差角、航向误差角和倾斜误差角,将其产生的误差电压反馈给弹体使其按预定方向飞行[61]。

电视制导的优点是利用目标的图像信息对导弹进行制导,目标难以隐蔽,有较高的制导精度;缺点是不能获得距离信息,导弹的作用距离受大气能见度的限制,不适于全天候工作。

5.2　图像处理算法

从摄像头获取的图像信息往往不能直接用于制导,必须经过图像处理,提取对制导有用的信息。本节有几个主要目的:

① 简述数字图像处理的概念;

② 简述图像增强、图像检测的基本算法;

③ 简述图像跟踪的基本算法。

5.2.1　数字图像处理的概念

一幅图像可以定义为一个二维函数 $f(x,y)$,空间坐标 (x,y) 上的幅值 f 称为该点图像的强度(或灰度)。如果 x,y 和幅值 f 是有限的、离散的数值时,则可称该图像为数字图像。数字图像处理是指借用数字计算机处理数字图像。数字图像是由有限的元素组成的,每一个元素都有一个特定的位置和幅值,这些元素称为画面元素、图像元素或像素。

视觉是人类最高级的感知器官,因此图像在人类感知中扮演着最重要的角色。然而,人类感知只限于电磁波谱的视觉波段,成像机器则可覆盖几乎全部电磁波谱。成像机器可以对人类肉眼无法感知的那些图像源进行加工,包括超声波、电子显微镜及计算机产生的图像,因此,数字图像处理设计各种各样的应用领域。

数字图像处理的应用领域多种多样,在今天的应用中,最主要的图像源是电磁能谱,其他主要的能源包括声波和电子(以用于电子显微镜方法的电子束的形式)。如伽马射线成像的主要用途包括核医学和天文观测;X 射线成像是最早用于成像的电磁辐射源之一,最熟悉的 X 射线应用是医学诊断,但是 X 射线还被广泛用于工业和天文学等其他领域;紫外光的应用是多种多样的,包括平版印刷技术、工业检测、显微镜方法、激光、生物图像以及天文观测等;可见光的成像领域远远超过其他波段,包括光显微镜方法、天文学、遥感、工业和法律实施等方面的应用;微波波段成像的典型应用是雷达;无线电波段成像主要应用是在医学和天文学等[62]。

图像处理的基本步骤包括图像获取、图像增强、图像复原、彩色图像处理、图像压缩、图像分割、图像表示与描述、对象识别等。应用在电视制导中的图像处理有以下一些关键问题:

(1) 图像的预处理

在实际应用中,由于图像在 CCD 摄像系统成像的过程中不可避免地受到各种因素的干扰以及周围环境的影响,使得所摄取的图像质量较低,对这样的图像直接进行目标的提取和跟踪是比较困难的。因此,需要对图像进行预处理,减少或滤除各种噪声和随机干扰,增强有用信息,提高后续处理的有效性和可靠性,为图像分割创造良好的条件。

（2）图像分割方法研究

图像分割一直是图像处理领域中的重点和难点,是实现自动图像分析时首先需要完成的操作。图像在分割后的处理,如特征提取、目标识别等都依赖图像分割的质量,所以分割被视为图像处理中的瓶颈。在图像分割最初发展的 20 年里,人们主要对 3 种分割方法(阈值分割、边缘检测和区域提取)进行研究。进入 20 世纪 80 年代以后,越来越多的学者开始将模糊理论、马尔可夫模型、遗传算法理论、分形理论和小波理论等研究成果运用于图像分割的研究。

（3）图像的旋转解耦

由于载机姿态的变化,可能会引起电视导引头的自旋运动,导致图像的旋转。这就需要对旋转图像进行解耦。

（4）跟踪丢失处理

在对目标的跟踪过程中,可能会出现一些非常规情况。例如,海上目标被岛屿遮挡、陆地目标被丛林隐蔽、空中目标飞入云层或者快速目标的大机动等。这些情况在军事实战中是比较普遍的现象,但对实验室环境来说都是非常规的突发事件。处理好这些情况才能使系统适应更加复杂的环境,真正达到实战的水平。这里就要涉及记忆跟踪和满视场搜索等问题。

（5）提高跟踪的实时性

提高跟踪的实时性就要求考虑算法优化和算法加速问题。由于篇幅所限,本节只能大概阐述了数字图像处理的概念、应用领域及基本处理方法,在后面的章节中读者将根据实验内容进一步理解这些技术的应用。

5.2.2 数字图像基础

1. 数字图像表示方法

为了产生一幅数字图像,需要通过取样和量化,把连续的感知数据转换为数字形式。取样和量化后为一个实际矩阵。假如一幅图像 $f(x,y)$ 被取样,则产生的数字图像有 M 行和 N 列,同时坐标 (x,y) 的值变成离散。为表达清楚和方便起见,这些离散坐标应该为整数。本节使用坐标 x 代表行,坐标 y 代表列,则以下是一幅 $M \times N$ 数字图像的表达形式

$$f(x,y) = \begin{bmatrix} f(0,0) & f(0,1) & \cdots & f(0,N-1) \\ f(1,0) & f(1,1) & \cdots & f(1,N-1) \\ \vdots & \vdots & & \vdots \\ f(M-1,0) & f(M-1,1) & \cdots & f(M-1,N-1) \end{bmatrix} \tag{5.1}$$

矩阵中的每一个元素称为图像单元、图像元素或像素。

对 M 和 N 除了必须取正整数以外没有其他要求。然而,出于对处理、存储和取样硬件的考虑,灰度级典型的取值是 2 的整数次幂,即

$$L = 2^k \tag{5.2}$$

这里,假设离散灰度级是等间隔的并且是区间 $[0, L-1]$ 内的整数。设数字 b 为存储数字图像需要的比特数,则有

$$b = M \times N \times k \tag{5.3}$$

当一幅图像有 2^k 灰度级时,实际上通常称该图像是 k 比特图像。例如,一幅图像有 256 个可能的灰度级,称其为 8 比特图像[62]。

2. 像素间的基本关系

这一节着重阐述在数字图像中像素间的一些重要关系,如一幅图像用 $f(x,y)$ 表示,指某特殊像素时用小写字母(如 p 和 q)表示。

(1) 相邻像素

位于坐标 (x,y) 的一个像素 p 有 4 个包括水平和垂直的相邻像素,其坐标为

$$(x+1,y),(x-1,y),(x,y+1),(x,y-1) \tag{5.4}$$

这个像素集为 p 的 4 邻域,用 $N_4(p)$ 表示。每个像素距离坐标 (x,y) 一个单位距离,如果 (x,y) 位于图像的边界,则 p 的某一邻像素位于数字图像的外部。p 的 4 个对角邻像素有如下坐标:

$$(x+1,y+1),(x+1,y-1),(x-1,y+1),(x-1,y-1) \tag{5.5}$$

并用 $N_D(p)$ 表示。与 4 个邻域点一起称为 p 的 8 邻域,用 $N_8(p)$。与前边一样,如果 (x,y) 位于图像的边界,则 $N_D(p)$ 和 $N_8(p)$ 中的某些点落入图像的外边。

(2) 邻接性、连通性、区域和边界

像素间的连通性是一个基本概念,它简化了许多数字图像概念的定义,如区域和边界。为了确定两个像素是否连通,必须确定它们是否相邻以及它们的灰度值是否满足特定的相似性准则(或者说,它们的灰度值是否相等)。

设 **V** 是用于定义邻接性的灰度值集合,如在二值图像中,如果把具有 1 值的像素归入邻接的,则 **V**={1}。在灰度图像中也是一样的概念,但集合 **V** 一般包含更多的元素,例如对于可能的灰度值(0~255)的像素的邻接性,集合 **V** 可能是这 256 个值的任何一个子集。下面给出 3 种类型的邻接性:

① 4 邻接:如果 q 在 $N_4(p)$ 集中,则具有 **V** 中数值的两个像素 p 和 q 是 4 邻接的。

② 8 邻接:如果 q 在 $N_8(p)$ 集中,则具有 **V** 中数值的两个像素 p 和 q 是 8 邻接的。

③ m 邻接(混合邻接):如果 q 在 $N_4(p)$ 中,或者 q 在 $N_D(p)$ 中且集合 $N_4(p) \bigcap N_4(q)$ 没有 **V** 值的像素,则具有 **V** 值的像素 p 和 q 是 m 邻接的。

从具有坐标 (x,y) 的像素 p 到具有坐标 (s,t) 的像素 q 的通路是一系列特定的像素,其坐标为

$$(x_0,y_0),(x_1,y_1),\cdots,(x_n,y_n) \tag{5.6}$$

这里 $(x_0,y_0)=(x,y)$,$(x_n,y_n)=(s,t)$,并且像素 (x_i,y_i) 和 (x_{i-1},y_{i-1}) 是邻接的。在这种情况下,n 是通路的长度。在 m 邻接的通路中不存在二义性。

令 **S** 代表一幅图像中像素的子集,如果 **S** 中全部像素之间存在一个通路,则可以说两个像素 p 和 q 在 **S** 中是连通的。对 **S** 中的任何像素 p,**S** 中连通到该像素的像素集叫做 **S** 的连通分量。如果 **S** 仅有一个连通分量,则集合 **S** 叫做连通集。

令 **R** 是图像中的像素子集,如果 **R** 是连通集,则称 **R** 为一个区域。一个区域 **R** 的边界(也称为边缘或轮廓)是区域中像素的集合,该区域有一个或多个不在 **R** 中的邻点。

(3) 距离度量

对于像素 p,q 和 z,其坐标分别为 (x,y)、(s,t) 和 (v,w),如果

① $D(p,q) \geqslant 0$(当且仅当 $p=q$ 时 $D(p,q)=0$);

② $D(p,q)=D(q,p)$;

③ $D(p,z) \leqslant D(p,q)+D(q,z)$;

则 D 是距离函数或度量。

p 和 q 间的欧式距离定义如下:

$$D_e(p,q) = \left[(x-s)^2 + (y-t)^2\right]^{\frac{1}{2}} \tag{5.7}$$

p 和 q 间的距离 D_4(也叫城市街区距离)定义如下:

$$D_4(p,q) = |x-s| + |y-t| \tag{5.8}$$

p 和 q 间的距离 D_8(也叫棋盘距离)定义如下:

$$D_8(p,q) = \max(|x-s|, |y-t|) \tag{5.9}$$

3. 线形和非线性操作

令 H 是一种算子,其输入和输出都是图像。如果对于任何两幅图像 f 和 g 及任何两个标量 a 和 b 有如下关系,则称 H 为线性算子:

$$H(af+bg) = aH(f) + bH(g) \tag{5.10}$$

换句话说,对两幅图像(用所示的常数去乘)进行加权再应用线性算子,等同于分别对图像应用该算子再进行加权求和。例如对多副图像求和的算子是一个线性算子,计算两幅图像差分绝对值的算子就不是线性算子。不能通过上式检验的算子就定义为非线性算子[62]。

5.2.3 空间域图像增强

图像增强的目标是对原始图像进行处理使之更适合于特定应用,如电视制导。图像增强的方法可分为空间域方法和频域方法。空间域指的是图像平面本身,空间域方法直接处理的是图像的像素;频域方法处理的是经过傅氏变换后的图像。在本实验中主要用到的是空间域的图像增强技术。

通常来说,图像增强并没有适用于一般图像的通用理论,这是因为对图像质量的视觉评价是一种高度主观的过程,难以定义一个普遍的图像标准去评价算法的性能。

1. 彩色图像灰度化

图像处理中,由于彩色图像每个像素颜色包含了 RGB 三个分量值,而图像灰度化了以后,每个像素只包含一个灰度值,处理量会大大减少。因此,在图像处理中一般都会对彩色图像进行灰度化。

在 RGB 颜色模型中,如果 R=G=B,称之为灰度颜色。如果图像的每个像素的颜色都是灰度颜色,则称之为灰度图像。由于 RGB 的值在 0~255 变化,因此灰度值也在 0~255 变化(0 为黑,255 为白)。灰度化的处理方法主要有 3 种:最大值法、平均值法、加权平均值法。实验和理论推导证明,RGB 的加权值分别为 0.3,0.59,0.11 时,能得到最合理的灰度图像。

2. 基本的灰度变换

空间域处理可由下式定义:

$$g(x,y) = T[f(x,y)] \tag{5.11}$$

式中,$f(x,y)$ 是输入图像;$g(x,y)$ 是处理后的图像;T 是对 f 的一种操作,这种操作主要是在 (x,y) 的邻域中。如最简单的,T 操作的邻域为 1×1 的尺度(即对单个像素进行操作),当

灰度值低于阈值 m 时，T 为 0，当灰度值在 m 及以上时，T 为 255，可实现灰度图像的二值化。邻域为 1×1 尺度的这种变换技术又称点处理。

如设处理前后的像素值为 r 和 s，则灰度级范围为 $[0, L-1]$ 的图像反转的表达式为

$$s = L - 1 - r \tag{5.12}$$

对数变换的表达式为

$$s = c \log(1 + r) \tag{5.13}$$

幂次变换的表达式为

$$s = c r^{\gamma} \tag{5.14}$$

当空间域增强算子操作应用于更大的邻域，这将带来更高的灵活性。图像处理一般采用区域处理的方法（相对于点处理）。区域处理在处理某一像素点时，利用与该像素相邻的一组像素，经过某种变换得到处理后图像中某一点的像素值。

卷积运算是空间域区域处理的常见方法。卷积可以简单看成加权求和的过程。卷积需要用一个很小的矩阵（即权矩阵，称之为卷积核），矩阵大小是奇数（一般为 3×3 或 5×5），而且使用的区域（也为一个矩阵）大小与之相同。两个矩阵对应元素相乘再求和，就得到区域中心像素的新值。例如，图像中一块 3×3 的区域 $\boldsymbol{P}$ 与卷积核 $\boldsymbol{K}$ 卷积后，区域 $\boldsymbol{P}$ 的中心像素值 p_5 表示如下：

$$p_5 = \sum_{i=1}^{9} p_i \cdot k_i \tag{5.15}$$

其中，

$$\boldsymbol{P} = \begin{bmatrix} p_1 & p_2 & p_3 \\ p_4 & p_5 & p_6 \\ p_7 & p_8 & p_9 \end{bmatrix}, \quad \boldsymbol{K} = \begin{bmatrix} k_1 & k_2 & k_3 \\ k_4 & k_5 & k_6 \\ k_7 & k_8 & k_9 \end{bmatrix}$$

卷积运算会有一些问题，如图像边界问题，通常采取忽略边界数据或复制边界数据的解决方法；还有像素值溢出问题，通常视情况采取不同的方法。

以下为空间域图像处理的常见方法。

（1）平滑空间滤波器

平滑滤波器通常用于减少噪声或模糊处理，如在电视制导中为了提取大的目标，可以用模糊处理去除图像中的一些琐碎细节（树木、马路、桥梁等）。

平滑线性滤波器是常见的平滑滤波器，简单的理解就是对在滤波掩模邻域内的像素取平均值，故又被称作均值滤波器。常见的均值滤波器如下：

$$\boldsymbol{L}_1 = \frac{1}{9} \times \begin{bmatrix} 1 & 1 & 1 \\ 1 & 1 & 1 \\ 1 & 1 & 1 \end{bmatrix} \tag{5.16}$$

$$\boldsymbol{L}_2 = \frac{1}{16} \times \begin{bmatrix} 1 & 2 & 1 \\ 2 & 4 & 2 \\ 1 & 2 & 1 \end{bmatrix} \tag{5.17}$$

$$\boldsymbol{L}_3 = \frac{1}{10} \times \begin{bmatrix} 1 & 1 & 1 \\ 1 & 2 & 1 \\ 1 & 1 & 1 \end{bmatrix} \tag{5.18}$$

式中,L_1 为 3×3 邻域内像素的平均值;L_2,L_3 为一种加权平均。邻域内的某一些像素比另一些更为重要。均值滤波器是一种线性滤波器。

中值滤波器也是常用的平滑滤波器,顾名思义,中值滤波器就是将图像邻域内的像素排序后取排序位于中间位置的灰度值作为中心像素的值。中值滤波的使用非常普遍,这是由于对于类似脉冲噪声(也称为椒盐噪声)的随机噪声,中值滤波有优秀的去噪能力,优于其他小尺度的线性平滑滤波器。中值滤波器是一种非线性滤波器。

(2) 锐化空间滤波器

锐化处理主要是为了突出图像里的细节或者说增强被模糊了的细节。图像锐化的处理方法是多种多样的,电视制导中就用到了锐化处理技术。

上一节中我们看到在空间域使用像素邻域平均法可以使图像变模糊,而均值处理与积分是相类似的,因此从逻辑上可以断定,锐化处理可以用空间微分来完成。由于在图像中,变化发生的最短距离是在两相邻像素之间,因此对于一元函数 $f(x)$,一阶微分的定义表达如下:

$$\frac{\partial f}{\partial x}=f(x+1)-f(x) \tag{5.19}$$

则二阶微分可定义为

$$\frac{\partial^2 f}{\partial x^2}=f(x+1)+f(x-1)-2f(x) \tag{5.20}$$

最简单的各向同性(各向同性滤波器是旋转不变的,即滤波器的响应与滤波器作用的图像的变化方向无关,即将原始图像旋转后进行滤波处理给出的结果与先对图像滤波再旋转的结果相同)微分算子是拉普拉斯算子,一个二元图像函数 $f(x,y)$ 的拉普拉斯变换定义为

$$\nabla^2 f=\frac{\partial^2 f}{\partial x^2}+\frac{\partial^2 f}{\partial y^2} \tag{5.21}$$

为了适合于数字图像处理,拉普拉斯方程需要表现为离散形式,采用之前描述的定义,有

$$\begin{cases}\dfrac{\partial^2 f}{\partial x^2}=f(x+1,y)+f(x-1,y)-2f(x,y) \\[2mm] \dfrac{\partial^2 f}{\partial y^2}=f(x,y+1)+f(x,y-1)-2f(x,y)\end{cases} \tag{5.22}$$

因此有

$$\nabla^2 f=f(x+1,y)+f(x-1,y)+f(x,y+1)+f(x,y-1)-4f(x,y) \tag{5.23}$$

式(5.23)可以用下面所示的掩模来实现,它们给出了以 90°旋转的各向同性的结果。

$$L_4=\begin{bmatrix} 0 & 1 & 0 \\ 1 & -4 & 1 \\ 0 & 1 & 0 \end{bmatrix} \tag{5.24}$$

$$L_5=\begin{bmatrix} 0 & -1 & 0 \\ -1 & 4 & -1 \\ 0 & -1 & 0 \end{bmatrix} \tag{5.25}$$

为了使掩模在 45°方向也是各向同性的,可以在两个对角线方向上加入相关项,如

$$L_6=\begin{bmatrix} 1 & 1 & 1 \\ 1 & -8 & 1 \\ 1 & 1 & 1 \end{bmatrix} \tag{5.26}$$

$$L_7 = \begin{bmatrix} -1 & -1 & -1 \\ -1 & 8 & -1 \\ -1 & -1 & -1 \end{bmatrix} \tag{5.27}$$

由于拉普拉斯算子是一种微分算子,它可以强调图像中灰度的突变及降低灰度慢变化的区域,这将会产生一幅把图像中的边线和突变点叠加到暗背景中的图像。将原始图像和拉普拉斯图像叠加在一起的简单方法可以保护拉普拉斯锐化处理的效果,同时又能复原背景信息。因此应用拉普拉斯变换对图像增强的基本方法可表示为

$$g(x,y) = \begin{cases} Af(x,y) - \nabla^2 f(x,y) & \text{拉普拉斯算子中心系数为负} \\ Af(x,y) + \nabla^2 f(x,y) & \text{拉普拉斯算子中心系数为正} \end{cases} \tag{5.28}$$

其中 A 为模糊系数,当 $A=1$ 时式(5.28)为标准的拉普拉斯变换,A 越大,锐化处理效果越不明显。

此外,还有基于一阶微分的图像增强方法,又称梯度法。对于函数 $f(x,y)$,在其坐标 (x,y) 上的梯度是通过一个二维列向量来定义的,即

$$\nabla f = \begin{bmatrix} G_x \\ G_y \end{bmatrix} = \begin{bmatrix} \dfrac{\partial f}{\partial x} \\ \dfrac{\partial f}{\partial y} \end{bmatrix} \tag{5.29}$$

该向量的模值为

$$\nabla f = \max(\nabla f) = \left[\left(\frac{\partial f}{\partial x} \right)^2 + \left(\frac{\partial f}{\partial y} \right)^2 \right]^{\frac{1}{2}} \tag{5.30}$$

尽管梯度向量的分量本身是线性算子,但它的模值显然不是线性的。一般把梯度矢量的模值称为梯度,并且在实际操作中用绝对值代替平方与平方根运算近似以求梯度的模值,即

$$\nabla f \approx |G_x| + |G_y| \tag{5.31}$$

平移和差分边缘增强可分为垂直边缘增强、水平边缘增强和水平与垂直边缘增强,它们的掩模分别如下:

$$V = \begin{bmatrix} 0 & 0 & 0 \\ -1 & 1 & 0 \\ 0 & 0 & 0 \end{bmatrix} \tag{5.32}$$

$$H = \begin{bmatrix} 0 & -1 & 0 \\ 0 & 1 & 0 \\ 0 & 0 & 0 \end{bmatrix} \tag{5.33}$$

$$H\&V = \begin{bmatrix} -1 & 0 & 0 \\ 0 & 1 & 0 \\ 0 & 0 & 0 \end{bmatrix} \tag{5.34}$$

梯度方向边缘增强用于增强 8 个不同方向的边缘。8 个方向分别是北、东北、东、东南、南、西南、西和西北。它们的掩模分别如下:

$$N = \begin{bmatrix} 1 & 1 & 1 \\ 1 & -2 & 1 \\ -1 & -1 & -1 \end{bmatrix} \tag{5.35}$$

$$\mathbf{NE} = \begin{bmatrix} 1 & 1 & 1 \\ -1 & -2 & 1 \\ -1 & -1 & 1 \end{bmatrix} \tag{5.36}$$

$$\mathbf{E} = \begin{bmatrix} -1 & 1 & 1 \\ -1 & -2 & 1 \\ -1 & 1 & 1 \end{bmatrix} \tag{5.37}$$

$$\mathbf{SE} = \begin{bmatrix} -1 & -1 & 1 \\ -1 & -2 & 1 \\ 1 & 1 & 1 \end{bmatrix} \tag{5.38}$$

$$\mathbf{S} = \begin{bmatrix} -1 & -1 & -1 \\ 1 & -2 & 1 \\ 1 & 1 & 1 \end{bmatrix} \tag{5.39}$$

$$\mathbf{SW} = \begin{bmatrix} 1 & -1 & -1 \\ 1 & -2 & -1 \\ 1 & 1 & 1 \end{bmatrix} \tag{5.40}$$

$$\mathbf{W} = \begin{bmatrix} 1 & 1 & -1 \\ 1 & -2 & -1 \\ 1 & 1 & -1 \end{bmatrix} \tag{5.41}$$

$$\mathbf{NW} = \begin{bmatrix} 1 & 1 & 1 \\ 1 & -2 & -1 \\ 1 & -1 & -1 \end{bmatrix} \tag{5.42}$$

如果在掩模方向上存在着正的像素亮度变化率，则输出图像上的像素变亮。变化率越大，则图像越亮。灰度基本不变的区域，处理后将变黑。

Sobel 边缘检测是一种非线性的边缘检测算法，效率很高，用途广泛。其方法是在 x,y 方向上分别使用不同的两个掩模，即

$$\mathbf{X} = \begin{bmatrix} -1 & 0 & 1 \\ -2 & 0 & 2 \\ -1 & 0 & 1 \end{bmatrix} \tag{5.43}$$

$$\mathbf{Y} = \begin{bmatrix} 1 & 2 & 1 \\ 0 & 0 & 0 \\ -1 & -2 & -1 \end{bmatrix} \tag{5.44}$$

如果使用 x,y 方向掩模得出的某一像素的像素值分别为 x,y，则该像素的边界强度 Q 和方向 D 可用如下的公式计算：

$$\begin{cases} Q = \sqrt{x^2 + y^2} \\ D = \arctan\dfrac{y}{x} \end{cases} \tag{5.45}$$

由于计算量很大，在实际应用中，常采用如下的近似方法：
设当前使用的区域为

$$
\begin{matrix}
a & b & c \\
d & e & f \\
g & h & i
\end{matrix}
\qquad (5.46)
$$

经过其中心点 e 的直线共有四条,每条直线都将该区域分为两个子区域。例如,直线 $c-e-g$ 将区域划分为 abd 和 fhi 两个子区域。分别计算出每条直线的两个子区域平均值之差的绝对值,取其中最大的赋给中心像素 e。

用 Sobel 算法对图像进行处理后,通常还需要对输出图像做阈值化处理。当像素值大于阈值(或称门限)时,输出像素值为 255(白),否则为 0(黑)。最后得到的图像为仅包含边缘信息的黑白二值图像。

门限可以根据实际的图像主观地选择,但也有一定的选择方法。在讲到简单的门限选择方法时,先要介绍直方图的概念。

灰度级为 $[0,L-1]$ 范围的数字图像的直方图是离散函数 $h(r_k)=n_k$,这里 r_k 是第 k 级灰度,n_k 是图像中灰度级为 r_k 的像素个数。通常以图像中像素的总数(n)来除它的每一个值得到一个归一化的直方图,即 $P(r_k)=n_k/n,k=0,1,\cdots,L-1$。简单地说,$P(r_k)$ 给出了灰度级为 r_k 发生的概率估计值。一个归一化的直方图其所有部分之和应等于 1。每一个直方图曲线的水平轴对应灰度级 r_k,纵轴对应于归一化值 $P(r_k)=n_k/n$。从直方图能看出图像的基本灰度级特征,如暗色图像的直方图的组成成分集中在灰度级低(暗)的一侧;明亮图像的直方图的组成成分集中在灰度级高的一侧;低对比度图像的直方图窄而集中于灰度级的中部;高对比度的图像直方图成分覆盖了灰度级很宽的范围,像素的分布比较均匀。

回到门限选择的问题中,所有门限处理技术中最简单的,是使用单一的全局门限分割图像的直方图。通过对图像逐像素进行扫描并将像素标记为对象或背景就实现了对图像的分割,对像素的标记取决于像素的灰度级大于还是小于门限值,这种方法能否成功完全取决于图像的直方图能否被很好地分割。

下面是一个简单的确定门限值 T 的方法:

步骤 1:选择一个 T 的初始设定值;

步骤 2:用 T 分割图像,从而分割出两组像素:G_1 由所有灰度值大于 T 的像素组成,G_2 由所有灰度值小于或等于 T 的像素组成;

步骤 3:对区域 G_1 和 G_2 中的所有像素计算平均灰度值 μ_1 和 μ_2;

步骤 4:计算新的门限值,即

$$
T=\frac{1}{2}(\mu_1+\mu_2) \qquad (5.47)
$$

重复步骤 2 到 4,直到逐次迭代所得的 T 值之差小于事先定义的参数 T_0。

当有理由认为背景和对象在图像中据的面积相近时,好的 T 初始值就是图像的平均灰度值。但如果对象所占的面积小于背景(或相反),则一个像素组会在灰度直方图中占主要地位,平均灰度值就不是一个好的初始选择,此时 T 更适合的初值是诸如灰度值的中间值一类的初值。

5.2.4　图像识别与目标检测

图像识别与目标检测的方法有很多,这里只介绍图像匹配法。

匹配法是一种基于目标特征的识别和检测方法,通过目标模板对图像序列进行匹配来检测目标位置。块匹配算法中,首先要得到目标模板,一般是通过人工方式在图像序列中的某一帧中选取。目标模板需要包含目标的全部或大部分外形特征(通过灰度来体现)。还需要一个匹配准则,即怎样体现匹配结果的好坏。通常做法是定义一个误差平方和函数(Sum of squared difference,SSD),当然还可以选择其他的匹配准则(归一化相关函数等),对连续图像序列的第 K 张图像,在整个图像范围内用目标模板进行匹配,使 SSD 函数取得最小值的像素点,这个点就是最佳匹配点,也是我们寻找的目标中心点。但这种全图像匹配的方法计算量非常大,很难保证图像检测的实时性。这就要求去寻找最佳匹配点的搜索方法。

块匹配算法的关键就在于找到一种迅速高效而且准确地搜索算法。同时,初始搜索点的选择也对搜索效率起到重要作用。如果初始搜索点取在了最佳匹配点的附近,可以大大减少搜索次数。最简单的方法就是选在当前帧目标模板的中心,但这很容易陷入局部最优(由于相邻帧之间有很强的相关性),因此许多算法都利用这种相关性先对初始搜索点进行预测,以预测点作为搜索起点。图像匹配的搜索算法有:全搜索法、二维对数搜索法、三步搜索法、四步搜索法等。因为越接近最佳匹配点,匹配度就越高,按照这个规律,大多的图像匹配搜索算法的基本思想都是先粗匹配再细匹配。

图像匹配的问题可以描述为在一幅大小为 $M \times N$ 的图像 $f(x,y)$ 中寻找匹配的大小为 $J \times K$ 的子图 $w(x,y)$,此处假定 $J \leqslant M$ 且 $K \leqslant N$。通常使用一个归一化后的相关系数最为匹配的准则,其定义如下:

$$\gamma(x,y) = \frac{\sum\limits_{s}\sum\limits_{t}[f(s,t)-\bar{f}(s,t)][w(x+s,y+t)-\bar{w}]}{\left\{\sum\limits_{s}\sum\limits_{t}[f(s,t)-\bar{f}(s,t)]^2\sum\limits_{s}\sum\limits_{t}[w(x+s,y+t)-\bar{w}]^2\right\}^{\frac{1}{2}}} \quad (5.48)$$

式中,$x=0,1,2,\cdots,M-1,y=0,1,2,\cdots,N-1,\bar{w}$ 为 w 中的像素平均值(只计算一次);$\bar{f}$ 为 f 中与 w 当前所在位置相重合的区域平均值,总和的值通常由 f 和 w 两者的坐标代入后求得。相关系数 $\gamma(x,y)$ 在 $-1\sim1$ 中取值。越接近 1 则说明匹配度越好。理论上目标处的归一化相关函数为 1,但实际上很难达到。

检测出目标后,就可以把目标在视场中的坐标提供给系统中的导引控制模块,进而对目标进行跟踪。

需要注意的是,虽然相关函数对于幅度变化可以通过使用相关系数归一化,但要得到归一化的尺寸变化和旋转变化是困难的。尺寸的归一化涉及空间定标,这个过程本身会增加大量的计算。旋转变化的归一化更为困难。如果从 $f(x,y)$ 中可以提取其旋转变化方式的线索,就可以简单地对 $w(x,y)$ 进行旋转使其同 $f(x,y)$ 的旋转角度对准。然而,如果其旋转性质是未知的,那么寻找最佳匹配就要求对 $w(x,y)$ 进行全方位的旋转。这一过程是不实际的,当出现不确定的或不受约束的旋转变化时,这种相关匹配法很少使用。

至此,对图像处理和目标检测的最基本的知识进行介绍,在真实的战场环境中,电视导引头获取的图像要复杂得多,图像亮度受光照的影响大,目标的大小、形状、亮度会受到弹目距离、相对姿态的影响,目标的种类也会有很多种,比如空对地导弹打击的目标可能是坦克、桥梁、碉堡等,如此,前文介绍的方法不再适用,解决方案有两种:一是采用人在回路的制导方式,即人工选定目标,手动遥控导弹向目标飞去;另一种是采用更高级的目标识别算法,比如基于卷积神经网络的目标识别算法,最有代表性的算法是 YOLO,目前已经发展到 V8 版本,笔者曾经基于 YOLOV3 开发过目标识别与跟踪程序,确实可以很好地应对目标的大小、形状、亮度的变化,实现对目标的有效识别与跟踪。

5.3　电视目标检测跟踪实验

5.3.1　开发数字图像处理环境

1. 实验目的

① 复习电视导引基本原理。

② 熟悉 VC 开发环境。

③ 掌握 VFW 函数的使用方法。

2. 实验内容

① 学习 VFW 函数的使用方法。

② 设计基于 VFW 的数字图像处理环境。

3. 实验概述

图像采集是数字图像处理的首要步骤,它关系到采集图像数据的质量,因此,图像采集会影响到其后的各种操作(图像预处理、图像分割、图像识别等)。以下将从 VFW(Video For Windows)、DirectShow 和软件开发包(Software Development Kit,SDK)3 个方面介绍图像采集的解决方案。

这 3 种方案是比较常见的图像采集方法。其中,VFW 是一种较老的视频采集方法,它是 Microsoft 提供的数字视频软件包,提供了一组库函数,能够实现视频捕捉、影像压缩及影像播放等功能。使用 VFW 的优点是它随从 Windows 操作系统一起安装,可执行文件不需要附带额外的库文件就可以运行,但是许多采集卡不支持 VFW,而且功能也相对较弱,因此现在开发视频采集相关的软件时很少使用 VFW 技术。DirectShow 是 Microsoft 推出的流媒体开发包,使用它可以在支持 WDM 驱动的各种采集卡上采集数据,因此,使用 DirectShow 可以开发通用的视频处理程序。DirectShow 支持 ASF,MPEG,AVI,MP3,WAV 等多种媒体格式,使其很容易实现媒体数据的采集、回放。SDK 是采集卡厂家提供的开发视频处理系统的一组库函数,使用 SDK 库函数,用户可以在不了解视频压缩、回放、网络传输等技术的前提下,进行视频程序开发(SDK 中通常都包含了这些技术的实现)。但是,由于不同厂家提供的采集卡的 SDK 并不兼容,因此编写的应用程序无法移植到新的环境中。

出于研究学习数字图像算法的目的,再结合已有的实验设备,本实验采用 VFW 的图像采集方法。

VFW 是 Microsoft 于 1992 年推出的数字视频软件包,它不依赖于专用的硬件设备,提供了通用的数字视频开发方案。VFW 主要由 AVICap. dll,MSVideo. dll,MCIAvi. drv,AVI-File. dll,vfw32. lib 等库文件组成,这些库提供了相关视频、音频、AVI 文件的函数,以下将介绍如何利用这些函数进行图像的采集。

4. 实验步骤

(1) 在 VC 工程中引入 VFW

VFW 使用的视频函数被封装在 vfw32.lib 库文件中,该库文件默认情况下没有被链接到 MFC 工程中,因此使用 VFW 进行图像的采集第一步是导入 vfw32.lib 库文件。方法如下:

① 包含 vfw.h 头文件。

```
#include "vfw.h"
```

② 导入 vfw32.lib 库文件。

```
#pragma comment (lib,"vfw32")
```

(2) 捕捉窗口的创建

在进行视频程序开发时,第一步需要创建一个视频预览窗口。在程序中可以使用 cap Create Capture Window 函数来创建视频预览窗口,该函数语法如下:

```
HWND VFWAPI capCreateCaptureWindow (LPCSTR lpszWindowName, DWORD dwStyle, int x, int y, int
nWidth, int nHeight, HWND hWnd, int nID);
```

参数说明:

- lpszWindowName:表示视频捕捉窗口的名称。
- dwStyle:表示视频捕获窗口的风格,一般包含有 WS_CHILD 和 WS_VISIBLE 风格。
- x,y:表示视频捕捉窗口的左上角坐标。
- nWidth,nHeight:表示视频捕捉窗口的宽度和高度。
- hWnd:表示视频捕捉窗口父窗口的句柄。
- nID:表示视频捕捉窗口标识。

MSDN 中的例子:

```
hWndC = capCreateCaptureWindow (
    (LPSTR) "My Capture Window",      //窗口名字
    WS_CHILD | WS_VISIBLE,            //窗口样式
    0, 0, 160, 120,                   //窗口的位置及尺寸
    (HWND) hwndParent,
    (int) nID / * child ID * /);
```

(3) 连接驱动程序

在 VFW 中,将捕捉窗口连接到驱动程序用到的函数是 capDriverConnect。该函数具体为 BOOL capDriverConnect(hwnd,0);参数 hwnd 是捕捉窗口的句柄,函数会返回一个布尔型的值,TRUE 表示连接成功,FALSE 表示连接失败。

MSDN 中的例子:

```
fOK = capDriverConnect(hWndC,0);
```

以上的例子是在只有一个捕捉驱动程序的前提下,如果有多个就需要用 capGetDriverDe-scription 函数来枚举所有的驱动程序,以供使用者选用。

MSDN 中的例子：

```
char szDeviceName[80];//驱动程序名称
char szDeviceVersion[80];//驱动程序版本

for (wIndex = 0; wIndex < 10; wIndex + +)
{
    if (capGetDriverDescription (wIndex, szDeviceName,
        sizeof (szDeviceName), szDeviceVersion,
        sizeof (szDeviceVersion))
    {
        //将名称附加到已安装的捕获驱动程序列表中
        //让用户选择要使用的驱动程序
    }
}
```

（4）视频预览

在开发图像处理程序时，一般第一步需要实现的功能便是视频预览。在 VFW 中，可以用 BOOL capPreview(hwnd,flag) 函数来实现视频预览的功能。在此之前要先设置视频预览的帧频，用到的函数是 BOOL capPreviewRate(hwnd, wMS)，这两个函数一般放在一起使用。

MSDN 中的例子：

```
capPreviewRate(hWndC, 66);        //速率,单位：毫秒
capPreview(hWndC, TRUE);          //开启预览
//Preview
capPreview(hWnd, FALSE);          //关闭预览
```

其中参数 hWndC 表示捕捉窗口的句柄，capPreviewRate 函数的后一个参数表示帧频，即每一帧捕获和显示所需要的时间，单位是毫秒。66 表示每秒 15 帧左右的捕获显示速度。函数 capPreview 后一个参数表示预览功能的开启或关闭，TRUE 表示打开，FALSE 为关闭。

到此为止，程序已经增加的了一个完备的功能，可以通过光学传感器实现对外界图像的采集和预览。但为了后续图像处理工作的顺利进行，还要对它进行必要的完善。

（5）捕捉参数设置

在进行视频捕捉时，通常需要设置视频捕捉参数。首先要得到当前视频捕捉的参数，VFW 提供了 capCaptureGetSetup 函数用于返回视频捕捉参数。该函数语法如下：

```
BOOL capCaptureGetSetup(HWND hwnd, LPCAPTUREPARMS psCapParms,UINT wSize);
```

VFW 同时提供了 capCaptureSetSetup 函数用于设置视频捕捉参数，该函数语法如下：

```
BOOL capCaptureSetSetup(HWND hwnd, LPCAPTUREPARMS psCapParms,UINT wSize);
```

参数说明：
- hwnd：表示视频捕捉窗口句柄。
- psCapParms：表示视频捕捉参数，该参数是 CAPTUREPARMS 结构指针。
- wSize：表示 psCapParms 参数的大小。

APTUREPARMS 结构成员描述如表 5 - 1 所列。我们可以根据实际需要对以上参数进行设计。

表 5 - 1 APTUREPARMS 结构成员及其含义

成员名称	成员类型	描　述
dwRequestMicroSecPerFrame	DWORD	以微秒为单位设置捕捉帧率,默认值为 66667,即每秒 15 帧
fMakeUserHitOKToCapture	BOOL	如果为 TRUE,将显示一个对话框帮助用户快速地进行捕捉设置
wPerentDropForError	UINT	在捕捉过程中允许弃帧的最大百分比
fYield	BOOL	如果为 TRUE,将产生一个后台线程来进行视频捕捉
dwIndexSize	DWORD	表示 AVI 文件最大的索引入口数
wChunkGranularity	UINT	以字节为单位表示 AVI 文件的大小
fUsingDOSMemory	BOOL	未使用
wNumVideoRequested	UINT	分配视频缓冲区的最大数量
fCaptureAudio	BOOL	为 TRUE,表示音频被捕捉,默认值依赖于安装的音频设备
wNumAudioRequested	UINT	表示分配的音频缓冲区的最大数量
vKeyAbort	UINT	表示终止捕捉的虚拟键
fAbortLeftMouse	BOOL	为 TRUE,表示单击鼠标左键停止捕捉
fAbortRightMouse	BOOL	为 TRUE,表示单击鼠标右键停止捕捉
fLimitEnabled	BOOL	为 TRUE,表示设置捕捉时间限制
wTimeLimit	UINT	以秒为单位设置捕捉的超时时间
fMCIControl	BOOL	为 TRUE,控制 MCI(媒体设备接口)兼容的视频源
fStepMCIDevice	BOOL	为 TRUE,使用 MCI 设备使用步进帧进行捕捉,为 FALSE,使用 MCI 设备进行时捕捉,如果 fMCIControl 成员为 FALSE,该成员被忽略
dwMCIStartTime	DWORD	以毫秒为单位标识 MCI 设备视频捕捉序列的起始位置,如果 fMCIControl 成员为 FALSE,该成员被忽略
dwMCIStopTime	DWORD	以毫秒为单位标识 MCI 设备视频捕捉序列的起始位置,如果 fMCIControl 成员为 FALSE,该成员被忽略
fStepCaptureAt2x	BOOL	为 TRUE,捕捉的视频帧使用两个分辨率,它可以使用软件在某个分辨率的基础上改写像素,将其改为高清晰度的图像
wStepCaptureAverageFrames	UINT	在捕捉时每帧图像使用的时间大小
dwAudioBufferSize	DWORD	音频缓冲区大小
fDisableWriteCache	BOOL	未使用
AVStreamMaster	UINT	确定在写入 AVI 文件时,音频流是否控制时钟

（6）视频格式设置

由于后续的图像处理需要合适尺寸和色深的位图（Bitmap）,因此,在视频捕捉时,要对捕捉的视频格式进行设置。VFW 提供了一对函数,用来获取和设置视频格式,函数语法如下：

```
DWOR DcapGetVideoFormat(
    hwnd,                        //捕捉窗口的句柄
    psVideoFormat,               //指向 BITMAPINFO 结构体的指针
    wSize                        //BITMAPINFO 结构体的大小
);
BOOL capSetVideoFormat(
    hwnd,                        //捕捉窗口的句柄
    psVideoFormat,               //指向 BITMAPINFO 结构体的指针
    wSize                        //BITMAPINFO 结构体的大小
);
```

函数 capGetVideoFormat 可以获取当前被捕捉视频的数据格式,该格式放在了 BITMAPINFO 结构体中。事实上,BITMAPINFO 结构体包含的是一个设备无关位图(DIB)的尺寸和颜色信息。函数 capSetVideoFormat 又将设置好的参数(BITMAPINFO 结构体)返回给捕捉窗口。

(7) 回调函数设计

在开发图像处理程序时,由于需要实时地对图像进行处理,即硬件每捕捉到一帧图像,都要调用相关函数进行处理。针对这类要求,VFW 提供了一系列回调函数供用户使用。因此,需要为视频捕捉窗口设计一些回调函数,这样,当视频捕捉部分的程序的某些状态改变时,可以在回调函数中进行处理。VFW 提供了如下的函数进行回调函数注册。

① capSetCallbackOnCapControl:该函数提供了视频捕捉时精确地控制捕捉开始和结束的时间。语法如下:

```
BOOL capSetCallbackOnCapControl(HWND hwnd, CAPCONTROLCALLBACK fpProc);
```

参数说明:

hwnd:表示视频捕捉窗口句柄。

fpProc:表示视频捕捉回调函数指针,其定义如下:

```
typedef LRESULT (CALLBACK * CAPCONTROLCALLBACK)(HWND hWnd, int nState);
```

其中,hWnd 表示视频捕捉窗口句柄,nState 参数如果设置为 CONTROLCALLBACK_PREROLL,表示将要开启视频源,若设置为 CONTROLCALLBACK_CAPTURING,表示应用程序允许通过返回 FALSE 去结束视频捕捉。

② capSetCallbackOnError:该函数用于为客户端应用程序设置错误处理的回调函数。语法如下:

```
BOOL capSetCallbackOnError(HWND hwnd, CAPERRORCALLBACKA fpProc);
```

参数说明:

hwnd:表示视频捕捉窗口句柄。

fpProc:表示错误处理的回调函数指针,其定义如下:

```
typedef LRESULT (CALLBACK * CAPERRORCALLBACKA) (HWND hWnd, int nID, LPCSTR lpsz);
```

其中,hWnd 表示视频捕捉窗口句柄,nID 表示消息 ID,lpsz 表示消息文本描述。

③ capSetCallbackOnFrame：该函数用于设置预览回调函数，回调函数在预览帧之前调用。语法如下：

```
BOOL capSetCallbackOnFrame(HWND hwnd, CAPVIDEOCALLBACK fpProc);
```

参数说明：

hwnd：表示视频捕捉窗口句柄。

fpProc：表示预览回调函数指针，其定义如下：

```
typedef LRESULT (CALLBACK * CAPVIDEOCALLBACK) (HWND hWnd, LPVIDEOHDR lpVHdr);
```

其中，hWnd 表示视频捕捉窗口句柄，lpVHdr 是一个 VIDEOHDR 结构指针，表示视频数据头。

④ capSetCallbackOnStatus：该函数用于在程序中设置一个状态回调函数。语法如下：

```
BOOL capSetCallbackOnStatus(HWND hwnd, CAPSTATUSCALLBACKA fpProc );
```

参数说明：

hwnd：表示视频捕捉窗口句柄。

fpProc：表示回调函数指针，当应用程序的状态改变时将调用该函数。其定义如下：

```
typedef LRESULT (CALLBACK * CAPSTATUSCALLBACKA) (HWNDhWnd, int nID, LPCSTR lpsz);
```

其中，hWnd 表示视频捕捉窗口句柄，nID 表示状态码，lpsz 表示状态文本描述。

⑤ capSetCallbackOnVideoStream：该函数用于注册一个回调函数，使得视频缓冲区被填充时调用回调函数。语法如下：

```
BOOL capSetCallbackOnVideoStream(HWND hwnd, CAPVIDEOCALLBACK fpProc);
```

参数说明：

hwnd：表示视频捕捉窗口句柄。

fpProc：表示回调函数指针，当视频缓冲区被填充时调用回调函数，其定义与 capSetCallbackOnFrame 函数的 fpProc 参数相同。

⑥ capSetCallbackOnWaveStream：该脚本函数用于生成一个回调函数，当音频缓冲区被填充时调用该函数。语法如下：

```
BOOL capSetCallbackOnWaveStream (HWND hwnd, CAPWAVECALLBACK fpProc);
```

参数说明：

hwnd：表示视频捕捉窗口句柄。

fpProc：表示回调函数指针，当音频缓冲区被填充时调用回调函数。其定义如下：

```
typedef LRESULT (CALLBACK * CAPWAVECALLBACK) (HWND hWnd, LPWAVEHDR lpWHdr);
```

其中，hWnd 表示视频捕捉窗口句柄，lpWHdr 是一个 WAVEHDR 结构指针，表示音频数据头。

⑦ capSetCallbackOnYield：该函数用于注册一个回调函数，使得在每一次捕捉视频帧时

调用一次回调函数。语法如下：

```
BOOL capSetCallbackOnYield(HWND hwnd, fpProc);
```

参数说明：

hwnd：表示视频捕捉窗口句柄。

fpProc：表示回调函数指针，其定义如下：

```
typedef LRESULT (CALLBACK * CAPYIELDCALLBACK) (HWND hWnd);
```

其中，hWnd 表示视频捕捉窗口句柄。通常，该函数由消息循环构成。可以根据具体情况来设置不同的回调函数，以满足图像处理的要求。

本实验中，需要用 capSetCallbackOnFrame 函数来设置回调函数，回调函数中将调用图像处理函数。这样就可以实现每预览一帧图像前，就处理一帧图像的目的。

（8）图像处理函数设计

在图像处理函数中，工作大致分为如下 3 个步骤。

步骤 1：将采集到的图像数据进行保存。由于在 VC++中，图像处理都是对位图（Bitmap）进行操作，因此，将这些图像数据保存到一个位图文件中。在此之前，需要创建一个可以直接绘制位图的设备环境，接着再创建一个空的位图，并将设备环境与位图联系起来。创建了空位图后，需要对位图信息头（BITMAPINFOHEADER）进行设置，比如：位图的高和宽（以像素为单位）、位图数据为无压缩的 RGB 格式、位图色深（24 位）等。最后再将采集到的图像数据保存到位图的数据区。

步骤 2：对图像的数据区进行操作，这也是图像处理最核心的部分，各种图像处理的算法都在这里实现。处理完毕后的图像数据要再次保存到位图的数据区里。

步骤 3：将该位图句柄选入创建的设备环境对象中去，然后调用 BitBlt 函数在制定位置绘制位图。到此就完成了处理后图像的显示功能。

按照上述步骤，便可以在 VC++环境下搭建数字图像处理的框架平台。

（9）实验举例

鉴于可能部分读者对 MFC 工程的使用方法并不熟悉，现将具体实验步骤（基于 VC6.0 平台）详细描述如下：

① 创建 MFC 工程，自定义工程名称（此处以"电视导引"为例），如图 5-2 所示。

② 应用程序类型选择基本对话框即可，如图 5-3 所示。

③ 为引入 VFW 类库，在"电视导引 Dlg.h"中添加：

```
# include "vfw.h"
# pragma comment (lib,"vfw32")
```

并在 CMyDlg 类添加公共（public）句柄变量：

```
HWNDm_hVideo;        //视频捕捉窗口的句柄
```

④ 在对话框中创建视频捕捉窗口。在"电视导引 Dlg.cpp"中，寻找到对话框初始化函数 BOOL CMyDlg::OnInitDialog()，在函数中添加：

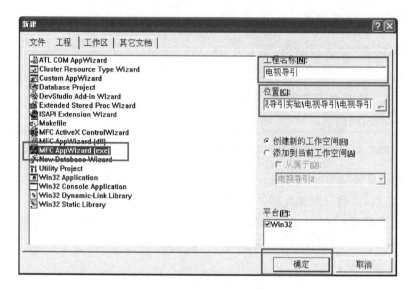

图 5 - 2　创建 MFC 工程

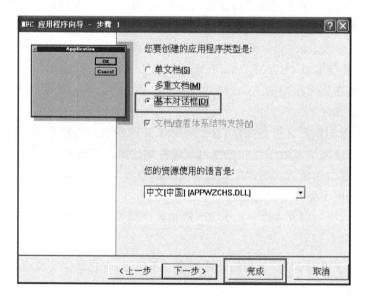

图 5 - 3　软件操作导引

```
m_hVideo = capCreateCaptureWindow((LPCTSTR)"TV Guidance",WS_CHILD|WS_V
ISIBLE,0,0,320,240,m_hWnd,0);
```

注意: 上面设置的视频捕捉窗口(m_hVideo)是对话框窗口(m_hWnd)的一个子窗口(WS_CHILD),m_hWnd 是 MFC 自动创建的一个全局型句柄,这里指向是该对话框对象,如图 5 - 4 所示。

(9) 连接驱动程序

本实验中只用到一个摄像头,即只有一个摄像头的驱动程序,故只需在窗口初始化函数 CMyDlg::OnInitDialog()中加入语句 capDriverConnect(m_hVideo,0)即可。

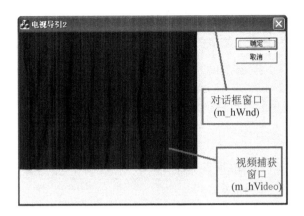

图 5 - 4　界面说明

（10）视频预览设置

在窗口初始化函数 CMyDlg∷OnInitDialog()中加入下面语句：

```
capPreviewRate(m_hVideo,66);
    capPreview(m_hVideo,TRUE);
```

其中第一句话的作用是设置视频捕获窗口捕获和显示每一帧所需的时间，66 指 66 ms，即每秒显示约 15 帧(1/0.066)；第二句话的作用是开始预览视频。

摄像头捕捉参数按照默认即可，无需设置。

（11）设置视频预览回调函数

该函数会在摄像头捕捉一帧图像之后，预览图像之前被调用。通过该函数，可以对捕捉到的数字图像进行处理，如灰度化、滤波等。

在"电视导引 Dlg.cpp"中增加该函数的定义：

```
LRESULT CALLBACK FrameCallbackProc(HWND m_hVideo,LPVIDEOHDR lpVHdr)
{
    return 0;
}
```

虽说回调函数自己编写，但是参数和返回值类型都是规定好的。lpVHdr 是一个 VIDEO-HDR 结构的指针，通过它可以获得从摄像头传输过来的图像数据。VIDEOHDR 定义如下：

```
typedef struct videohdr_tag {
LPBYTE lpData;            //这个指针存储了图像帧数据的首地址
DWORD dwBufferLength;
DWORD dwBytesUsed;
DWORD dwTimeCaptured;
DWORD dwUser;
DWORD dwFlags;
DWORD_PTRdwReserved[4];
} VIDEOHDR, NEAR * PVIDEOHDR, FAR * LPVIDEOHDR;
```

其具体使用在下一节再详述，此处回调函数暂不做任何操作，直接返回 0。

（12）回调函数注册

在对话框初始化函数 BOOL CMy2Dlg∷OnInitDialog()中，添加下面语句：

```
capSetCallbackOnFrame(m_hVideo,FrameCallbackProc);
```

自此，数字图像的处理平台搭建成功，运行程序后，应能在窗口中看到摄像头捕获的视频图像。

5. 实验报告

实验结束后需完成实验报告，报告中应包含以下内容：

① 概述电视制导的原理和特点。

② 画出数字图像处理的框架平台的程序流程图。

③ 给出框架平台的界面效果图。

5.3.2 数字图像处理算法设计

1. 实验目的

① 了解位图的相关知识。

② 学习图像处理的基本方法。

③ 掌握图像处理算法的实现方法。

④ 培养根据实际需求设计图像处理算法的能力。

2. 实验内容

① 复习图像处理的相关知识。

② 编写几种常见的图像处理算法的程序，检验处理效果。

③ 设计图像处理程序，完成对特定目标的检测。

3. 实验原理补充

本实验需要用到位图文件的相关知识，现对位图做相关介绍。

位图可分为设备相关位图（DDB）和设备无关位图（DIB）。DDB 只是一种内部位图格式，其显示的图像依赖计算机显示系统的设置，设置不同显示不同，因此叫做设备相关位图。DDB 中不包括颜色信息，显示时以系统的调色板为基础进行颜色映射。Windows3.1 以上版本提供了对设备无关位图 DIB 的支持，DIB 可以在不同的机器或系统中显示位图所固有的图像。DIB 是一种外部的位图格式，经常存储为以 BMP 为后缀的位图文件（有时也以 DIB 为后缀）。这里只重点介绍设备无关位图。

（1）DIB 位图结构

DIB 位图文件的结构包括四个部分：位图文件头（BITMAPFILEHEADER）、位图信息头（BITMAPINFOHEADER）、位图颜色表（RGBQUAD）和位图像素数据。需要进行操作的就是位图像素数据部分。

位图文件头（BITMAPFILEHEADER）包含的有用信息不多，在位图信息头（BITMAPINFOHEADER）中保存了 DIB 的主要位图信息，具体可参看 VC++的 MSDN。位图颜色表（RGBQUAD）存储了位图的调色板。位图信息头中的参数 biBitCount 描述了位图的颜色深度，将它设置为 24，即真彩色。这样图像的每个像素颜色都由 3 个字节（每字节 8 位）表示，三个字节分别保存像素颜色分量 B,G,R 的值。由于像素值与真彩色颜色值是一一对应的,像素值就是所表现的颜色值,因此不需要调色板。

位图像素数据紧跟在颜色表之后,而且位图行的存储次序是颠倒的,位图像素数据从位图的最低行保存起,即按照从下到上,从左到右的顺序保存。而在图像处理中,规定图像的左上作为坐标原点,从左到右为 X 轴的正方向,从上到下为 Y 轴正方向,坐标单位为像素点。

在这里,若图像大小是 240×320(行×列)像素,则存储图像的是 240×(320×3)(行×列)字节二维数组。

注意:位图像素数据从位图的最低行保存起,即按照从下到上,从左到右的顺序保存,如图 5-5 所示。

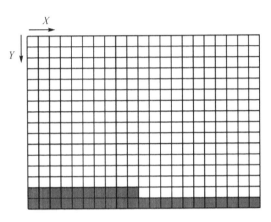

图 5-5　图像存储

(2) DIB 位图创建

通过 CreateDIBSection 函数创建一个可以直接写入的 DIB,其语法如下:

```
HBITMAP CreateDIBSection(
    HDC hdc,                    //DC 句杯
    CONST BITMAPINFO * pbmi,   //位图数据
    UINT iUsage,               //数据类型指示器
    VOID * * ppvBits,          //位的值
    HANDLE hSection,           //文件映射对象句柄
    DWORD dwOffset             //位图位值偏移量
);
```

参数 ppvBits 表示图像数据区的指针,对图像数据的操作,都是通过该指针来完成。

4. 实验步骤

本实验主要是编写图像处理函数,并且在回调函数中增加对图像处理函数的调用,以达到处理效果。实验的最终目的是能够在摄像头获取的图像中,经过一系列图像处理,最终检测到特定的目标(实验仪器上的纸质小飞机)。为了达到最终目的,需要先将摄像头获取的图像存储为位图格式的文件,将得到彩色位图灰度化成灰度图像,然后根据实际情况设计图像处理算法,提取需检测目标的特征,最后将目标与背景分离出来。具体实验步骤如下:

(1) 创建位图文件并完成灰度化

在文件"电视导引 Dlg. cpp"中创建以下全局型变量:

```
BITMAPINFO bmpInfo;            //捕捉图像的格式
HBITMAP hBitmap;               //位图的句柄
BYTE * Bites;                  //指向位图数据数组的指针
void * voidBites;             //辅助作用
//下面两个是绘图时用到的
CDC * pDC;
CDCdc;
```

在初始化函数对话框中 BOOL CMy2Dlg::OnInitDialog()中写入以下句段:

```
capGetVideoFormat(m_hVideo,&bmpInfo,sizeof(bmpInfo));
//获取摄像头采集到的位图的信息,并赋给 bmpInfo
hBitmap = CreateDIBSection(NULL, (BITMAPINFO * ) &bmpInfo, 0, &voidBites, NULL, 0);
//利用 bmpInfo 提供的信息创建一个空位图,将句柄赋给 hBitmap,将图像数据数
//组地址赋给 voidBites。
Bites = (BYTE *)voidBites;      //将图像数据数组地址赋给 Bites
```

为了绘图的需要,还需要添加下面语句:

```
pDC = this - >GetDC();
dc.CreateCompatibleDC(pDC);
```

完成前期准备工作后,编写回调函数对图像进行灰度化处理。灰度化处理就是将一个像素点中的 R,G,B 取相同值,算法如下:

```
R = G = B = 0.3R + 0.59G + 0.11B
```

注意:数组中的像素点是按 B,G,R 顺序存储的。

在回调函数 FrameCallbackProc(... ,...)中,添加:

```
memcpy(Bites,(BYTE * )lpVHdr - >lpData, bmpInfo.bmiHeader.biSizeImage);
//将摄像头采集的图像数据复制到空位图的数据区
intmapsize = 240 * 320;
for(i1 = 0;i1<mapsize;i1 + + )
{
Bites[3 * i1] = (BYTE)(0.11 * Bites[3 * i1] + 0.59 * Bites[3 * i1 + 1] + 0.3 * Bites[3 * i1 + 2]);
Bites[3 * i1 + 2] = Bites[3 * i1 + 1] = Bites[3 * i1];
} //灰度化处理
int width = 320;
int height = 240;
dc.SelectObject(hBitmap);
pDC - >BitBlt(320,0,width,height,&dc,0,0,SRCCOPY);
//在对话框中显示处理后的图像
```

完成上述步骤后运行程序,能在窗口中看到摄像头捕获的彩色视频旁边多了一个灰度化后的图像,如图 5-6 所示。

(2) 图像处理算法效果检验

之前学习了一些常用的空间域增强算法,此处要编写程序从而检验他们的效果。程序的编写主要是在回调函数中,有些算法还需要自定义其他函数,此处不给出详细步骤,由读者自己独立完成。需要完成如下图像处理算法:均值滤波、中值滤波、拉普拉斯边缘检测,梯度法边缘检测,sobel 边缘检测。

图 5 - 6　摄像头捕获的图像(左)灰度化后的图像(右)

下面给出一些图像处理算法的处理结果：

① 均值滤波,仿真结果如图 5 - 7 所示。

图 5 - 7　摄像头捕获的图像(左)均值滤波后的图像(右)

② 梯度边缘检测,仿真结果如图 5 - 8 所示。

图 5 - 8　摄像头捕获的图像(左)梯度边缘检测后的图像(右)

③ 拉普拉斯边缘检测,仿真结果如图 5 - 9 所示。

图 5 - 9　摄像头捕获的图像(左)拉普拉斯边缘检测后的图像(右)

④ Sobel 边缘检测,仿真结果如图 5 - 10 所示。

图 5 - 10   摄像头捕获的图像(左)Sobel 边缘检测后的图像(右)

(3) 自主设计图像处理算法

本实验需要自主设计图像处理算法,在摄像头获取的图像中提取特定目标(实验仪器上的纸质小飞机),即经过处理后的图像中,特定目标与背景图像有较大的区别,使得其容易根据匹配法进行识别跟踪。由于每个同学所在实验位置的背景、摄像头都有差别,所以图像处理算法的设计均不一样,需要同学们根据实际情况进行选择。本实验的图像处理效果(目标与背景的区别程度)直接影响接下来的图像跟踪算法的效果。

5. 实验报告

实验结束后应完成实验报告,实验报告应包含以下内容:

① 图像处理算法的程序流程图。

② 几种常见图像处理的效果图以及编写的回调函数。

③ 自主设计的图像处理算法以及设计理由,给出效果图。

5.3.3　目标跟踪算法实现

1. 实验目的

① 加深对电视制导的理解。

② 了解从获取的图像里得到目标偏离信息的基本过程。

③ 增强同学们的编程能力。

2. 实验内容

完成使用图像匹配法进行目标跟踪的程序。

3. 实验步骤

本实验需要在实验二的基础上(得到了经过图像处理后的使得目标突出的图像),利用前面学习的图像匹配法实现对特定目标的跟踪。要求所编写的程序能够在目标轻微移动(不旋转)的情况下实现对目标的跟踪。本实验主要考查学生对算法的理解能力以及编程能力,此处不给出具体的实现步骤。图 5 - 11 所示为一目标跟踪程序的例子。

先用鼠标标出需要跟踪的目标,然后利用图像匹配算法,在目标移动时,程序能够跟踪目标(方框仍然圈住目标)。

图 5 – 11　目标跟踪

该例子使用了 Sobel 边缘检测算法进行图像处理。

4. 实验报告

实验结束后需完成实验报告,报告中需包含以下内容:

① 实现目标跟踪部分的程序代码。

② 目标跟踪的效果图。

第6章 卡尔曼滤波

6.1 最优估计以及滤波理论的发展和应用

估计就是从数据中提取信息的过程,这些数据可以用来推断所要求的信息,并可能含有误差。进行最优估计的通常做法是:论证系统应取的形式,确定一个合适的最优性准则,根据此准则直接对所假设的形式进行最优化[63]。所谓最优估计是指在某一准则下的最优。估值的期望与被估值期望在相同准则下的估计称为无偏估计,误差方差小于等于其他任何无偏估计的误差方差准则下的估计称为最小方差估计。随着测量数目的增加,估计值收敛于真值准则下的估计称为一致估计。

现代最优估计理论在信号处理、控制、通信、航天、制导、雷达跟踪、石油地震勘探、故障诊断、卫星测控、GPS 定位、多传感器信息融合、机器人、经济、生物医学等领域应用非常广泛[64]。

信息是通过时间或空间函数来传递和运载的,时间序列分析(Time Series Analysis)是概率统计学科中的一个重要分支,根据希望估计值与最后测量值在时间上的关系,最优估计问题可以分为三类:

① 滤波:从当前的观察值 $x(n), x(n-1), x(n-2)\cdots$,估计当前的信号值称为滤波,也就是观察时刻与估计时刻重合;

② 预测:观察时刻在估计时刻之前;

③ 平滑:观察时刻在估计时刻之后。

三类问题的时间关系如图 6-1 所示。

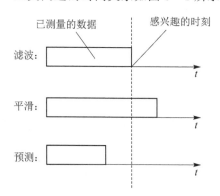

图 6-1 滤波、平滑与预测的关系

"滤波"这一术语最初来源于无线电领域。对于调幅广播中的载波信号、阶跃信号、脉宽固定的矩形脉冲信号等,它们都具有确定的频谱,所以可根据各信号频带的不同,设置具有相应频率特性的滤波器,如低通滤波器、高通滤波器、带通滤波器、带阻滤波器,使有用信号无衰减地通过,使干扰信号受到抑制。这种对确定信号的处理方法称为常规滤波,通过物理方法和计算机算法都可以实现。实际工程中有另一类信号没有既定的变化规律,在相同的初始条件和环境条件下,每次信号都不一样,如陀螺漂移、海浪、GPS 的 SA 误差、惯导系统的导航输出误差等,它们没有确定的频谱,这类信号称为随机信号,无法用常规滤波器提取有用信号,需要用到更先进的估计算法[65]。

根据不同的最优准则,可获得随机信号的不同最优估计。使贝叶斯风险达到最小的估计为贝叶斯估计;使关于条件概率密度的似然函数达到极大的估计为极大似然估计;使验后概率密度达到极大的估计为极大验后估计;使估计误差的均方差达到最小的估计为最小方差估计(若估计具有线性形式,则估计为线性最小方差估计)。最早的估计算法是 1795 年由大数学家高斯(Karl Gauss)研究天体运动轨道问题时提出的最小二乘法(Least Squares Method)。由于它的原理直观,算法简单,收敛性好,且不要求先验的统计知识,因而广泛被应用于模型参数估计。它的基本原理是实际观测值与模型计算值的误差的平方和最小原理,因此得名"最小二乘法"。下面是一个简单的最小二乘法启发性例子。

在图像处理、机器人等领域,需要对运动图像中的圆曲线进行快速检测。为了确定平面上一个圆曲线,需要知道圆心位置 (x_0, y_0) 和半径 R,圆方程的一般形式为

$$x^2 + y^2 + ax + by + c = 0 \qquad (6.1)$$

为了确定圆方程的位置参数 (a, b, c),如果能精确地检测到圆曲线上 3 个点的坐标,则将它们带入上式即可得 3 个方程,解线性方程组即可得圆参数,然而通常检测圆曲线上的坐标具有测量误差,通常是微小的随机误差,用上述方法只能粗略地得到圆参数,为此人们希望利用检测曲线上更多的点的坐标来得到较精确的圆参数估计。设已知圆上 N 个点的坐标的检测值 (x_i, y_i)(含有测量误差),$i = 1, 2, \cdots, N$,将每组检测值 (x_i, y_i) 代入上式得

$$x_i^2 + y_i^2 + ax_i + by_i + c = \varepsilon_i \qquad (6.2)$$

ε_i 是对圆上点的坐标的检测误差。通常 N 远大于 3。最小二乘法原理是用极小化方程误差的平方和来确定位置圆模型参数 (a, b, c),它们极小化性能指标就是让误差尽量小,即

$$J = \sum_{i=1}^{N} \varepsilon_i^2 = \sum_{i=1}^{N} (x_i^2 + y_i^2 + ax_i + by_i + c)^2 \qquad (6.3)$$

由极小值原理,令

$$\begin{cases} \dfrac{\partial J}{\partial a} = 0 \\[2mm] \dfrac{\partial J}{\partial b} = 0 \\[2mm] \dfrac{\partial J}{\partial c} = 0 \end{cases} \qquad (6.4)$$

可得关于 (a, b, c) 的线性方程组,从而可解出 (a, b, c),进而可以确定圆方程。因为采用了极小化方程误差平方和的原理,因此得名"最小二乘法"。

20 世纪 40 年代,为了解决火力控制系统精确跟踪问题,维纳(N. Weaner)于 1942 年提出了维纳滤波理论。维纳根据有用信号和干扰信号的功率谱确定出线性滤波器的频率特性,首次将数理统计理论与线性系统理论有机地联系在一起,形成了对随机信号作平滑、估计或预测的最优估计新理论。典型的维纳信号滤波问题如图 6-2 所示。

其中未知真实信号 $s(t)$ 被观测噪声 $v(t)$ 污染,因而已知观测信号 $z(t)$,即

$$z(t) = s(t) + v(t) \qquad (6.5)$$

问题是如何由观测信号 $z(t)$ 中,过滤噪声 $v(t)$ 在线性最小均方差准则下设计维纳滤波器 $\hat{s}(t|t)$,它是 $z(t), z(t-1), \cdots$ 的线性函数且极小化均方差为 $J = E[e^2(t)]$,其中 E 为均值符号,$e(t) = s(t) - \hat{s}(t|t)$ 为滤波误差。

经典的维纳滤波方法是一种频域方法,其局限性是限于处理平稳时间序列的滤波问题,缺点是不能处理多变量、时变、非平稳时间序列,且算法是非递推的,要求存储全部历史数据,不

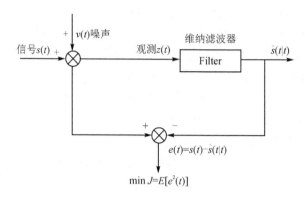

图 6 - 2 维纳滤波问题

便于工程应用。比维纳稍早,前苏联科学家戈尔莫科洛夫(A. N. Kolmogorov)于 1941 年也曾提出过类似理论。维纳给出了由功率谱求解维纳滤波器频率特性闭合解的一般方法,包括对功率谱的上、下平面分解及傅里叶变换,其运算繁杂,解析求解十分困难。1950 年,伯特和香农在功率谱为有理谱这一特殊条件下,给出了对有功率谱直接求取维纳滤波器传递函数的设计方法,这一方法简单易行,具有一定的工程实用价值。维纳滤波的最大缺点是适用范围极其有限,它要求被处理信号必须是平稳的,且是唯一的。人们试图将维纳滤波推广到非平稳和多维的情况,都因无法突破计算上的困难而难以推广和应用。

采用频域设计法是造成维纳滤波器设计困难的根本原因。因此人们逐渐转向寻求在时域内直接设计最优滤波器的新方法,其中卡尔曼的研究最具有代表性,他提出的递推最优估计理论也因此而被称为卡尔曼滤波。由于采用了状态空间法描述系统,算法采用递推形式,所以卡尔曼滤波能处理多维和非平稳的随机过程。

卡尔曼滤波理论的创立是科学技术和社会需要发展到一定程度的必然结果。卡尔曼全名 Rudolf Emil Kalman,匈牙利数学家,1930 年出生于匈牙利首都布达佩斯。1953 年、1954 年于麻省理工学院分别获得电机工程学士及硕士学位。1957 年于哥伦比亚大学获得博士学位。卡尔曼滤波理论一经提出,立即受到了工程界的重视,而工程应用中遇到的实际问题又使卡尔曼滤波的研究更深入完善。1959 年起美国太空署(National Aeronautics and Space Administration,NASA)开始研究载人太空船登月方案,当时提出了两个主要问题:一是中途导航和制导;二是液体燃料助推器在大挠度条件下的自动驾驶问题。因这两项研究的工作量都很庞大,无力同时进行,所以选择前者作为重点,即宇宙飞船的测轨问题。导航问题中主要解决对太空船运动状态的估计。量测信息来自三个子系统:飞船装备的惯性测量装置、天文观测仪和地面测轨系统。测轨数据经数据链传送至太空船。估计方法曾试图采用递推加权最小二乘法和维纳滤波,均因精度满足不了要求和计算过于繁杂而不得不放弃。1960 年秋,卡尔曼访问了 NASA,提出了卡尔曼滤波算法,立即引起重视并投入研究。由于最初提出的卡尔曼滤波仅适用于线性系统,而实际系统是非线性系统,滤波初值应如何取才合理,这些都迫使卡尔曼作进一步的思考,广义卡尔曼滤波就是在此情况下提出来的,阿波罗计划中的导航系统后由麻省理工学院研制完成。卡尔曼滤波早期应用中的另一成功实例为 C - 5A 飞机的多模式导航系统。

卡尔曼滤波比维纳滤波的应用范围广,设计方法也简单易行得多,但它必须在计算机上执行,而 20 世纪 60 年代初,无论是速度、字长、容量,计算机还处于低水平阶段。为了适应当时的技术水平,避免由于字长不够产生的舍入误差引起卡尔曼滤波的计算发散,Bierman,Carlson 和 Schmidt 等人提出了平方根滤波算法和谱分解滤波算法,以确保卡尔曼滤波增益回路中的滤波方差阵始终正定。

卡尔曼最初提出的滤波基本理论只适用于线性系统,并且要求量测也必须是线性的。在之后的 10 多年时间内,Bucy,Sunahare 等人致力于研究卡尔曼滤波理论在非线性系统和非线性量测情况下的推广,拓宽了卡尔曼滤波理论的适用范围。

卡尔曼滤波最成功的工程应用是设计运载体的高精度组合导航系统。80 年代起,可供运载体装备的导航系统越来越多,非相似导航子系统的增加使量测信息增多,这对提高组合导航系统的精度十分有利。但是,如果采用集中式卡尔曼滤波器实现组合,则存在两个致命问题:一是滤波器计算量以状态维数的三次方剧增,无法满足导航的实时性要求;二是导航子系统的增加使故障率也随之增加,只要有一个子系统发生故障又没有及时检测出并隔离掉,则整个导航系统都会被污染。为了解决这一矛盾,1979 年至 1985 年,Speyer,Bierman 和 Kerr 等人先后提出了分散滤波思想。并行计算技术的成熟为分散滤波的发展创造了有利条件。1988 年,Carlson 提出了联邦滤波理论(Federated Filtering),旨在为容错组合导航系统提供设计理论。Carlson 在装备运载体的诸多非相似导航子系统中选择导航信息全面、输出速率高、可靠性绝对保证的子系统作为公共参考系统,与其余子系统两两组合,形成若干个子滤波器。各子滤波器并行运行,获得建立在子滤波器局部量测基础上的局部最优估计,这些局部最优估计在第二级滤波器即主滤波器内按融合算法合成,获得建立在所有量测基础上的全局估计。全局估计再按信息守恒原则反馈给各子滤波器。实际设计的联邦滤波器是全局次优的,但是对于自主性要求特别高的重要运载体来说,导航系统的可靠性比精度更为重要。采用联邦滤波结构设计组合导航系统,虽然相对最优损失了少许精度,但换来的却是组合导航系统的高容错能力。目前美国空军已将联邦滤波器确定为新一代导航系统的通用滤波器。

6.2　卡尔曼滤波器

滤波问题是如何从被噪声污染的观测信号中过滤噪声,尽可能消除或减小噪声影响,求未知真实信号或系统状态的最优估计。在某些应用问题中甚至真实信号被噪声所淹没,滤波的目的就是过滤噪声,还原真实信号本来面目。这类问题广泛出现在信号处理、通信、目标跟踪和控制等领域。通常噪声和真实信号或状态均为随机过程,因而滤波问题本质上是统计估计问题。

卡尔曼滤波器是一个最优化自回归数据处理算法(optimal recursive data processing algorithm)。在解决问题方面,它是最优、效率最高甚至是最有用的算法。卡尔曼滤波在工程实践中获得了广泛的应用,例如应用于制导、全球定位系统、目标跟踪、石油勘探、通信和信号处理、信息融合等。现在要学习的卡尔曼滤波器,源于卡尔曼的博士论文和 1960 年发表的论文《A New Approach to Linear Filtering and Prediction Problems》(线性滤波与预测问题的新方法)。

6.2.1　状态空间法简介

从原理上说,卡尔曼滤波如此成功的一个原因是采用了状态空间法在时域上描述系统,下面简要介绍下状态空间法。

在状态空间法中,引入了状态变量和状态空间的概念。状态是比信号更广泛、更灵活的概念,它非常适合处理多变量系统,也非常适合处理信号估计问题,信号可视为状态或状态的分量。系统状态变量是能体现系统特征、特点和状况的变量。例如在目标跟踪问题中,最简单情形是可把运动目标的位置视为状态,稍微复杂的也可将位置和速度两者视为状态,一般是将位置、速度和加速度三者视为状态变量。状态变量的维数由具体问题和具体要求而定。一个 n 维状态变量的取值属于 n 维欧式空间 R^n,即 n 维状态变量的取值是 R^n 中的"点",称状态变量取值的欧式空间 R^n 为状态空间。状态空间方法的关键技术包括状态空间模型和基于射影理论的状态估计方法。状态空间是描写状态变化规律的模型,它描写了相邻时刻的状态转移变化规律。观测方程描写对状态进行观测的信息,通常含有观测噪声,且通常只能对部分状态变量进行观测。卡尔曼滤波问题就是由观测方程所得到的观测信息求系统状态的最优估计。

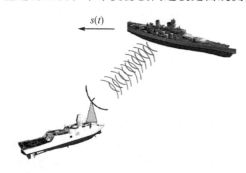

$s(t)$

图 6 - 3　舰艇间的相对运动

下面是一个简单的启发性例子。如图 6 - 3 所示,我方舰艇用雷达系统不断测量海面上匀速运动的对方舰艇的位置 s,设测量位置的采样周期为 T,而对方舰艇运动的速度 $\dot{s}$(常数)是未知的。设 $s(t)$,$\dot{s}(t)$ 和 $y(t)$ 各为在时刻 t 对方舰艇的真实位置、真实速度和位置的测量值。雷达系统精度再高也有一定的误差,测量值和真实位置之间的关系为

$$y(t) = s(t) + \nu(t) \tag{6.6}$$

其中 $\nu(t)$ 是在时刻 t 的测量误差,也叫观测噪声,通常可认为它的分布规律是零均值、方差为 δ_ν^2 的正态分布。为了准确地判断和预测对方舰艇的位置和速度,如何基于到时刻 t 为止对对方舰艇位置的观测数据 $(y(t), y(t-1), \cdots, y(1))$ 求出在未来时刻 $(t+k)$ 对方舰艇的真实位置 $s(t+k)$ 的最优预测 $\hat{s}(t+k \mid t)$。

按匀速运动的对方舰艇有运动方程

$$\begin{cases} s(t+1) = s(t) + T\dot{s}(t) \\ \dot{s}(t+1) = \dot{s}(t) \quad (速度 \dot{s}(t) 为常数) \end{cases} \tag{6.7}$$

引入状态变量

$$\boldsymbol{x}(t) = \begin{bmatrix} s(t) \\ \dot{s}(t) \end{bmatrix} \tag{6.8}$$

则有状态空间模型

$$\begin{cases} \begin{bmatrix} s(t+1) \\ \dot{s}(t+1) \end{bmatrix} = \begin{bmatrix} 1 & T \\ 0 & 1 \end{bmatrix} \begin{bmatrix} s(t) \\ \dot{s}(t) \end{bmatrix} \\ \boldsymbol{y}(t) = \begin{bmatrix} 1 & 0 \end{bmatrix} \begin{bmatrix} s(t) \\ \dot{s}(t) \end{bmatrix} + \boldsymbol{v}(t) \end{cases} \tag{6.9}$$

即有状态空间模型

$$\begin{cases} x(t+1) = \boldsymbol{\Phi} x(t) \\ y(t) = H x(t) + \boldsymbol{v}(t) \end{cases} \qquad (6.10)$$

式中，

$$\boldsymbol{\Phi} = \begin{bmatrix} 1 & T \\ 0 & 1 \end{bmatrix}, \quad H = \begin{bmatrix} 1 & 0 \end{bmatrix}$$

于是问题转化为对系统求 $x(t+k)$ 最优卡尔曼预测 $\hat{x}(t+k\,|\,t)(k>0)$，它的第一个分量就是 $\hat{s}(t+k\,|\,t)$。

6.2.2　卡尔曼滤波启发性例子

为了更加容易地理解卡尔曼滤波器，这里会应用形象的描述方法来讲解，而不是像大多数参考书那样罗列一大堆的数学公式和数学符号。但是，它的 5 条公式是其核心内容。结合现代的计算机，其实卡尔曼的程序相当地简单，在介绍他的 5 条公式之前，先根据下面的例子一步一步地探索。

假设要研究的对象是一个房间的温度，房间里面有 2 个温度计 A 和 B，A 显示的温度是 $C_1 = 20 \pm 4$ ℃，这里的 ± 4 代表温度计 A 的测量误差，符合方差为 $\sigma_1^2 = 16$ 的高斯分布。B 显示的温度是 $C_2 = 21 \pm 3$ ℃，这里 $\sigma_2^2 = 9$。温度计 A 和 B 显示的温度不一样，但温度的真值只有一个，那应该相信谁呢？事实上，温度的真值永远无法得到，但可以根据这两个温度计的测量值来估计出最可能的温度，或者叫最优估计。温度计 A 的方差大于 B，因此 B 的测量值更可信一些，所以可以引入一个参数 $K_g \in [0,1]$ 来表示温度计 A 的可信度，那么温度的估计值可以表示为

$$\tilde{C} = K_g \times C_1 + (1 - K_g) \times C_2 = C_2 + K_g \times (C_1 - C_2) \qquad (6.11)$$

这里，可以把可信度与方差联系起来，方差越大则可信度越低，于是可以令

$$K_g = \sigma_2^2 / (\sigma_1^2 + \sigma_2^2) = 0.36 \qquad (6.12)$$

式中，K_g 是温度计 A 的可信度，只有 0.36，而 B 的可信度为 0.64，这是合理的。

于是 $\tilde{C} = 21 + 0.36 \times (20 - 21)$℃ $= 20.64$ ℃，这个温度更接近 B（21 ℃）而远离 A（20 ℃），也是合理的。这个估计值也是有方差的，由于温度计 A 和 B 的测量值不相关，所以这个估计值的方差为

$$\tilde{\sigma}^2 = K_g^2 \times \sigma_1^2 + (1 - K_g)^2 \times \sigma_2^2 = \sigma_1^2 \sigma_2^2 / (\sigma_1^2 + \sigma_2^2) = (1 - K_g)\sigma_2^2 = 2.4^2 \qquad (6.13)$$

这个方差比 A 和 B 的方差都小，用两个不精确的温度计得到了一个更加精确的估计值，这正是最优估计的意义所在。

现在，把问题变得稍微复杂一点，假设只有一只温度计 A，如何根据连续的测量值来估计当前温度？根据经验判断，这个房间的温度在短时间内是恒定的，也就是下一分钟的温度等于现在这一分钟的温度（假设用一分钟来做时间单位）。这一推断不是 100% 的可信，可能会有上下几度的偏差，比如 $T_k = T_{k-1} \pm 4$ ℃。

为了实现递推，假设上一时刻的温度估计值是已知的。于是，这个问题就变成了：已知 $k-1$ 时刻的温度估计值为 $\tilde{T}_{k-1} = 23 \pm 3$ ℃，房间温度的变化模型为 $T_k = T_{k-1} \pm 4$ ℃，当前时刻温度计 A 的测量值为 $C_1 = 25 \pm 4$ ℃，求 k 时刻的温度估计值 $\tilde{T}_k$。

为了简化问题，可以构造一只虚拟温度计 B，它的测量值可以通过经验获取，由 $T_k = T_{k-1} \pm$

4 ℃,$\tilde{T}_{k-1}=23\pm3$ ℃,这两个噪声不相关,所以虚拟温度计 B 的测量值为 $C_2=23\pm5$ ℃(请思考误差 5 是如何算出来的),而 $C_1=25\pm4$ ℃,于是问题又变成了 2 个温度计测量室温的问题。跟前文的算法一样,$K_g=0.61$,$\tilde{T}_k=24.22\pm3.12$ ℃。有了 $\tilde{T}_k$ 之后,在下一时刻 $k+1$ 再读一次温度计 A 的测量值,就可以计算 $k+1$ 时刻的估计值 $\tilde{T}_{k+1}$,于是,算法完成了递推。

这种递推算法计算量很小,程序运行得很快,而且它只保留了上一时刻的方差,程序占用的存储空间很小,并且不随时间累积。上面的 K_g,就是卡尔曼增益,它可以随不同的时刻而改变自己的值。

6.2.3　卡尔曼滤波方程

下面从理论上介绍真正工程系统上的卡尔曼滤波算法。首先,先要在状态空间上引入一个离散控制过程的系统。该系统可用一个线性随机微分方程来描述:

$$\begin{cases} X(k)=AX(k-1)+Bu(k)+\omega(k) \\ Z(k)=HX(k)+\nu(k) \end{cases} \tag{6.14}$$

式子,$X(k)$ 为 k 时刻的系统状态;$u(k)$ 为 k 时刻对系统的控制量;A 和 B 为系统参数,对于多模型系统,他们为矩阵;$Z(k)$ 为 k 时刻的测量值;H 为测量系统的参数,对于多测量系统,H 为矩阵;$\omega(k)$ 和 $\nu(k)$ 分别表示过程噪声和测量噪声,他们被假设成高斯白噪声,其方差分别是 Q,R(这里假设他们不随系统状态变化而变化)。

对于满足上面的条件(线性随机微分系统,过程和测量都是高斯白噪声),卡尔曼滤波器是最优的信息处理器。下面结合他们的方差来估算系统的最优化状态(类似上一节温度的例子)。

首先要利用系统的过程模型,来预测下一状态的系统。假设现在的系统状态是 k,根据系统的模型,可以基于系统的上一状态而预测出现在状态

$$X(k|k-1)=AX(k-1|k-1)+Bu(k) \tag{6.15}$$

式中,$X(k|k-1)$ 为利用上一状态预测的结果;$X(k-1|k-1)$ 为上一状态最优的结果;$u(k)$ 为现在状态的控制量,如果没有控制量,它可以为 0。

到现在为止,系统结果已经通过预测来更新了,可是,对应于 $X(k|k-1)$ 的协方差还没更新。用 P 表示协方差,即

$$P(k|k-1)=AP(k-1|k-1)A^T+Q \tag{6.16}$$

式中,$P(k|k-1)$ 为 $X(k|k-1)$ 对应的协方差;$P(k-1|k-1)$ 是 $X(k-1|k-1)$ 对应的协方差;A^T 表示 A 的转置矩阵;Q 为系统过程的方差(方差就是某个变量自己与自己的协方差)。式(6.15)与式(6.16)就是卡尔曼滤波器 5 个公式当中的前两个,也就是对系统的预测。现在有了现在状态的预测结果,然后再收集现在状态的测量值。结合预测值和测量值,可以得到现在状态的最优化估算值

$$X(k|k)=X(k|k-1)+K_g(k)(Z(k)-HX(k|k-1)) \tag{6.17}$$

其中 K_g 为卡尔曼增益

$$K_g(k)=P(k|k-1)H^T(HP(k|k-1)H^T+R)^{-1} \tag{6.18}$$

到现在为止,已经得到了 k 状态下最优的估算值 $X(k|k)$。但是为了令卡尔曼滤波器不断的运行下去直到系统过程结束,我们还要更新 k 状态下 $X(k|k)$ 的协方差

$$P(k \mid k) = (\boldsymbol{I} - K_\mathrm{g}(k)\boldsymbol{H})P(k \mid k-1) \tag{6.19}$$

式中，$\boldsymbol{I}$ 为单位矩阵，对于单模型单测量，$\boldsymbol{I} = 1$；当系统进入 $k+1$ 状态时，$P(k \mid k)$ 就是式(6.16)的 $P(k-1 \mid k-1)$。这样，算法就可以递归运算下去。式(6.15)～式(6.19)就是描述卡尔曼滤波器基本原理的 5 个基本公式。根据这 5 个公式，可以很容易地实现计算机的程序。下面用程序举一个实际运行的例子。

　　这里结合前面两节内容，举一个非常简单的例子来说明卡尔曼滤波器的工作过程。所举的是进一步描述前面温度的例子，而且还会配以程序模拟结果。根据之前的描述，把房间看成一个系统，然后对这个系统建模。$X(k)$ 表示 k 时刻的温度。目前所知道的这个房间的温度是跟前一时刻的温度相同，所以 $A = 1$。没有控制量，所以 $u(k) = 0$。对应式(6.15)因此得出

$$X(k \mid k-1) = X(k-1 \mid k-1)$$

$X(k \mid k-1)$ 就是前面说的根据经验得到的预测温度为 23 ℃。式(6.16)可以改成

$$P(k \mid k-1) = P(k-1 \mid k-1) + Q$$

式中，$P(k \mid k-1)$ 为预测温度的偏差 5 的平方（标准差的平方）；$P(k-1 \mid k-1)$ 为 $k-1$ 时刻最优估计温度的偏差 3 的平方；Q 为根据经验模型预测的不确定度 4 的平方。

　　因为测量的值是温度计的，跟温度直接对应，所以 $H = 1$。式(6.17)～式(6.19)可以改成如下：

$$X(k \mid k) = X(k \mid k-1) + K_\mathrm{g}(k)(Z(k) - X(k \mid k-1))$$

$X(k \mid k)$ 就是 k 时刻的最优估计温度 24.22 ℃，K_g 是卡尔曼增益值 0.61，$Z(k)$ 是 k 时刻的观测值 25 ℃。

其中

$$K_\mathrm{g}(k) = P(k \mid k-1)/(P(k \mid k-1) + R)$$

式中，R 为观测值 25 ℃的偏差 4 的平方。

而

$$P(k \mid k) = (1 - K_\mathrm{g}(k))P(k \mid k-1)$$

式中，$P(k \mid k)$ 是 k 时刻最优估计值 24.22 ℃的偏差 3.12 的平方。

　　卡尔曼滤波的直观解释就是预测结合观测。如图 6-4 所示，五角星表示最优估计位置，菱形表示预测位置，三角形表示观测位置。如果得到了 $k-1$ 时刻目标的最优估计位置，通过状态方程可以得到 k 时刻的预测位置，然后通过观测方程可以得到 k 时刻的观测位置，综合两者就可以得到 k 时刻的最优估计位置。预测位置和观测位置的结合原则由卡尔曼增益决定。

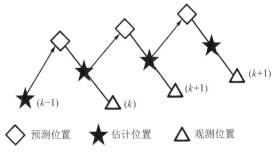

图 6-4　卡尔曼滤波的直观解释

　　一般的线性时变系统的离散状态方程和观测方程为

$$状态方程：X(k)=A(k,k-1)X(k-1)+B(k,k-1)U(k-1)$$
$$观测方程：Z(k)=H(k)X(k)+V(k)$$

式中，$X(k)$ 和 $Z(k)$ 分别为 k 时刻的状态矢量和观测矢量；$A(k,k-1)$ 为状态转移矩阵；$B(k,k-1)$ 为系统控制矩阵；$H(k)$ 为 k 时刻观测矩阵；$V(k)$ 为 k 时刻观测噪声。

针对上述方程，滤波算法流程可以概括如下：

① 估计当前状态，即
$$X(k|k-1)=A(k)X(k-1)+B(k)U(k)$$

② 求关于 $X(k|k-1)$ 的协方差，即
$$P(k|k-1)=A(k)P(k-1)A(k)^{\mathrm{T}}+Q^{\mathrm{T}}$$

再求卡尔曼增益，即
$$K(k)=P(k|k-1)H^{\mathrm{T}}/(HP(k|k-1)H^{\mathrm{T}}+R)$$

就可以求得更新后的 k 时刻状态的最优化估算，即
$$X(k)=X(k|k-1)+K(k)(Z(k)-HX(k|k-1))$$

为了使卡尔曼滤波器不断地运行下去，还要计算 k 状态下的 $X(k)$ 的协方差，即
$$P(k)=(I-K(k)H)P(k|k-1)$$

框图如图 6-5 所示。

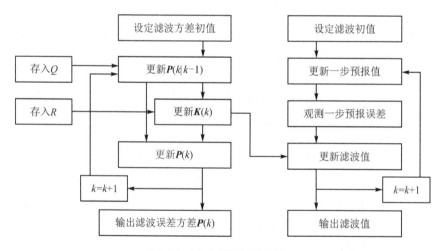

图 6-5 卡尔曼滤波计算流程

6.2.4 仿真实例

根据上一节温度的例子做一个简单的仿真。现在将模拟的一组测量值作为输入。假设房间的真实温度为 25 ℃，模拟 200 个测量值，这些测量值的平均值为 25 ℃，但是加入了标准偏差为 2 ℃的高斯白噪声。为了使卡尔曼滤波器开始工作，需要为卡尔曼两个零时刻的初始值（$X(0|0)$，$P(0|0)$）赋值，其值可以人为给定，随着卡尔曼滤波器的工作，X 会逐渐地收敛。但是对于 P，一般不要取 0，因为这样可能会令卡尔曼滤波器完全相信你给定的 $X(0|0)$ 是系统最优的，从而使算法不能收敛。初始化 0 时刻的温度 $X(0|0)=20$，$P(0|0)=10$，仿真结果如图 6-6 所示，MATLAB 源代码附后。

前述例子 MATLAB 源代码如下：

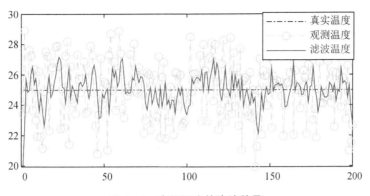

图 6 - 6　房间温度的滤波效果

```
clear all
% %产生均值为25,方差为4的高斯分布
y = randn(1,200);
y = y/std(y);
y = y - mean(y);
a = 25;
b = sqrt(4);
y = a + b * y;
% %状态初值设定为20
x = zeros(1,200);
x(1) = 20;
% %协方差初值设为10
p = ones(1,200);
p(1) = 10;
Q = 1;% %系统噪声
R = 4;% %观测噪声
n = 1;
while(n<200)
    xx(n) = x(n);% %一步状态估计 x(k/k - 1)
pp(n) = p(n) + Q;% %一步协方差估计 P(k/k - 1)
    K(n) = pp(n)/(pp(n) + R);% %卡尔曼增益
    x(n + 1) = xx(n) + K(n) * (y(n) - xx(n));% %下一时刻最优状态估计
    p(n + 1) = (1 - K(n)) * pp(n);% %下一时刻协方差估计
    n = n + 1;
end
T = ones(1,200) * 25;% %状态真值
t = 1:1:200;
plot(t,T,'b - .',t,y,'g - - o',t,x,'r');
legend('真实温度','观测温度','滤波温度');
```

6.3　卡尔曼滤波实验

6.3.1　姿态估计实验

在飞行器的飞行控制过程中,准确而实时地获得飞行器在空中的姿态角度,是决定控制精度和系统稳定性的关键。加速度计可以通过感知重力加速度 g 在其测量轴上分量的大小来

确定载体的姿态角,该姿态信息具有很好的长期稳定性,但是受载体机动加速度影响严重;陀螺仪输出的角速率信息经过积分可以获得载体姿态,该姿态信息具有很好的动态性能和短时精度,而且受载体机动加速度的影响小,但是由于陀螺仪的漂移,姿态误差随时间积累会越来越大。使用卡尔曼滤波方法融合加速度计和陀螺仪的数据,可以提高飞行器飞行时姿态角测量精度。

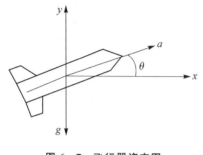

图 6-7 飞行器姿态图

利用卡尔曼滤波算法融合陀螺仪和加速度计的信息,首先需要建立系统的状态方程和观测方程。图 6-7 所示为飞行器简图,加速度计安装在本体坐标系 x 轴方向,其与惯性坐标系 x 轴夹角为 θ。这里设定只有 θ 角变化,其他的姿态角固定,θ 角就是需要估计的状态量。加速度计输出数据与倾角关系为

$$Z = g\sin\theta + \nu \tag{6.20}$$

式中,ν 为加速度计测量噪声,加速度计测得的不是真实的加速度信息,而是带有各种误差,这里简化为只有白噪声误差。

由于倾角和倾角角速度存在导数关系,系统倾斜真实角度 θ 作为一个状态向量,它与陀螺仪输出数据关系为

$$u_t = \dot{\theta} + b + \nabla \tag{6.21}$$

式中,u_t 为陀螺仪输出数据;b 为随机常值误差;∇ 为白噪声误差;对此方程稍作变化

$$\dot{\theta} = u_t - b - \nabla \tag{6.22}$$

将 θ 和 b 作为状态量,自行建立状态方程和观测方程,编写滤波算法,得到姿态估计结果。

6.3.2 目标运动信息估计实验

大气层外空间中,利用两个红外探测器来估计来袭目标的运动信息。由于红外控制器只能测量目标相对于探测器的角度,无法直接测量目标的位置和速度,因此需要对目标的运动信息进行估计。

图 6-8 所示的两个探测器的初始坐标分别为 $M_1(-1\,000,0)$,$M_2(1\,000,0)$,运动速度都

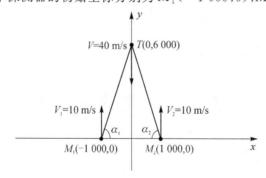

图 6-8 目标与探测器运动关系

为 $(0,10)$，两个探测器同时测得目标 T 的方位角为 α_1,α_2，目标的初始坐标为 $(0,6\,000)$，运动速度为 $(0,40)$（这里的单位均为 m 或 m/s）。

搭建 Simulink 仿真模型并通过方位角得到目标的位置速度估计。要求：将高斯噪声加入到真实位置坐标转换出的方位角信号中，以此为卡尔曼滤波器的观测值，对比滤波器输出值和直接解算带噪声的方位角信号得到的目标位置。

设系统的状态量为 x,y 方向的位置和速度

$$\boldsymbol{X}=(x,y,v_x,v_y) \tag{6.23}$$

由

$$\begin{cases} \begin{bmatrix} \dot{x} \\ \dot{y} \\ \dot{v}_x \\ \dot{v}_y \end{bmatrix} = \begin{bmatrix} 0 & 0 & 1 & 0 \\ 0 & 0 & 0 & 1 \\ 0 & 0 & 0 & 0 \\ 0 & 0 & 0 & 0 \end{bmatrix} \cdot \begin{bmatrix} x \\ y \\ v_x \\ v_y \end{bmatrix} \\ \boldsymbol{X}(k+1)=T\dot{\boldsymbol{X}}(k)+\boldsymbol{X}(k) \end{cases} \tag{6.24}$$

得目标的状态方程为

$$\boldsymbol{X}(k+1)=\boldsymbol{\Phi}\boldsymbol{X}(k)+\boldsymbol{v}(k) \tag{6.25}$$

式中，$\boldsymbol{\Phi}$ 为状态转移矩阵，$\boldsymbol{\Phi}=\begin{bmatrix} 1 & 0 & T & 0 \\ 0 & 1 & 0 & T \\ 0 & 0 & 1 & 0 \\ 0 & 0 & 0 & 1 \end{bmatrix}$；$T$ 为采样时间；$\boldsymbol{v}(k)$ 为系统过程噪声，是均值

为零方差已知的高斯白噪声，其协方差阵为 $\boldsymbol{Q}=q\begin{bmatrix} T^2 & 0 & T & 0 \\ 0 & T^2 & 0 & T \\ T & 0 & 1 & 0 \\ 0 & T & 0 & 1 \end{bmatrix}$。

观测方程为

$$y=h(\boldsymbol{X})+\boldsymbol{\varepsilon} \tag{6.26}$$

式中，$h(\boldsymbol{X})=[\alpha_1,\alpha_2]^{\mathrm{T}}$；$\boldsymbol{\varepsilon}=[\eta_1,\eta_2]^{\mathrm{T}}$；$\alpha_1=\arctan\dfrac{y-y_1}{x-x_1}+\eta_1$，$\alpha_2=\arctan\dfrac{y-y_2}{x-x_2}+\eta_2$，$\eta_1,\eta_2$ 分别为均值为零，方差为 σ_1^2,σ_2^2 的高斯白噪声。

由于观测方程是非线性的，需要通过扩展卡尔曼滤波将非线性函数泰勒展开式进行一阶线性化截断，对方程进行局部线性化，从而将非线性问题转化为线性，即

$$\boldsymbol{Z}_k=h(\boldsymbol{X}_k)\Big|_{x_k=\hat{x}_{k\mid k-1}}+\frac{\partial h(\boldsymbol{X}_k)}{\partial \boldsymbol{X}_k}\Big|_{x_k=\hat{x}_{k\mid k-1}}(\boldsymbol{X}_k-\hat{\boldsymbol{X}}_{k\mid k-1})+\boldsymbol{\varepsilon} \tag{6.27}$$

其中需要计算雅可比矩阵

$$\boldsymbol{H}(k)=\frac{\partial h(\boldsymbol{X}_k)}{\partial \boldsymbol{X}_k}=\left[\frac{\partial \alpha_1}{\partial X_k}\quad \frac{\partial \beta_1}{\partial X_k}\quad \frac{\partial \alpha_2}{\partial X_k}\quad \frac{\partial \beta_2}{\partial X_k}\right]^{\mathrm{T}} \tag{6.28}$$

第 7 章　弹道优化

弹道优化设计的本质就是求解多过程约束和多末端约束的最优控制问题。由于导弹运动方程组是复杂的非线性方程组，一般很难找到求解控制量的解析方法，须采用非线性规划的优化理论来求解。此实验是基于优化算法来优化设计相关控制参数，使得导弹在飞行过程中满足过程约束和终端约束的前提下某项弹道性能达到最优。

7.1　弹道优化问题描述

弹道计算的动力学运动学模型可以描述成一个通用的形式

$$[\dot{x}_1, \dot{x}_2, \cdots, \dot{x}_n] = f(x_1, x_2, \cdots, x_n, u_1, \cdots, u_k) \qquad (7.1)$$

式中，$u_j (1 \leqslant j \leqslant k)$ 为控制变量。

性能指标

$$J = y_i \qquad (7.2)$$

约束

$$c = \begin{bmatrix} c_1(x_i) \leqslant 0 \\ c_2(u_j) \leqslant 0 \\ c_3(x_i, u_j) \leqslant 0 \\ c_4(y_{tf}) \leqslant 0 \end{bmatrix} \qquad (7.3)$$

其中，$0 \leqslant i \leqslant n$，$0 \leqslant j \leqslant k$。

通过采用优化算法来优化设计控制变量参数或其中的总体参数使得性能指标达到最优，同时满足约束条件。

对战术导弹来说，由于射程较近，经常将地球认为是平面的，又由于战术导弹推力一般在弹轴方向，且推力随时间的变化规律固定，所以只需要控制导弹的攻角、侧滑角和倾侧角就可以控制导弹的弹道。在弹道坐标系建立质心动力学方程，在地面坐标系建立质心运动学方程；常用的动力学模型、运动学模型如下[66]：

$$\begin{cases} m\dfrac{\mathrm{d}V}{\mathrm{d}t} = P\cos\alpha\cos\beta - X - G\sin\theta \\[2mm] mV\dfrac{\mathrm{d}\theta}{\mathrm{d}t} = P(\sin\alpha\cos\gamma_c + \cos\alpha\sin\beta\sin\gamma_c) + Y\cos\gamma_c - Z\sin\gamma_c - G\cos\theta \\[2mm] -mV\cos\theta\dfrac{\mathrm{d}\psi_c}{\mathrm{d}t} = P(\sin\alpha\sin\gamma_c - \cos\alpha\sin\beta\cos\gamma_c) + Y\sin\gamma_c + Z\cos\gamma_c \\[2mm] \dfrac{\mathrm{d}x_d}{\mathrm{d}t} = V\cos\theta\cos\psi_c \\[2mm] \dfrac{\mathrm{d}y_d}{\mathrm{d}t} = V\sin\theta \\[2mm] \dfrac{\mathrm{d}z_d}{\mathrm{d}t} = -V\cos\theta\sin\psi_c \end{cases} \qquad (7.4)$$

式中,控制变量为攻角 α、侧滑角 β 和倾侧角 γ_c,只需要优化设计这三个角度的变化规律就可以获得期望的弹道。

如果导弹仅在铅垂面内运动,则运动方程如下:

$$
\begin{cases}
m\,\dfrac{\mathrm{d}V}{\mathrm{d}t} = P\cos\alpha - X - G\sin\theta \\[2mm]
mV\,\dfrac{\mathrm{d}\theta}{\mathrm{d}t} = P\sin\alpha + Y - G\cos\theta \\[2mm]
\dfrac{\mathrm{d}x_{\mathrm{d}}}{\mathrm{d}t} = V\cos\theta \\[2mm]
\dfrac{\mathrm{d}y_{\mathrm{d}}}{\mathrm{d}t} = V\sin\theta
\end{cases}
\tag{7.5}
$$

控制变量为攻角 α,只需要优化设计攻角的变化规律就可以获得期望的弹道。

7.2　最优弹道求解方法

最优弹道的求解方法有间接方法和直接方法两大类。间接方法求解最优弹道的关键问题是解两点边值问题,用间接方法求解最优控制问题具有较大难度,不适于在线优化问题。而直接方法又分两种,一种是只离散控制变量的直接方法,另一种是同时离散控制变量和状态变量的直接方法,前者一般称为直接打靶法,后者称为直接配点法。直接配点法又分为局部配点法和全局配点法。局部配点法根据隐含积分方法的不同形成了不同的描述形式,具体配点方法有辛普森法/荣格库塔配点法等;伪谱法就是属于全局配点法,主要有勒让德伪谱法、高斯伪谱法、锲比含夫伪谱法和拉多伪谱法等。无论是直接打靶法还是直接配点法都需要将最优弹道问题离散成非线性规划问题,然后通过优化算法求解相应的规划问题。

7.2.1　优化算法

无论是间接方法还是直接方法,最终都需要通过优化算法来求解非线性规划问题。优化算法有很多种分类方法,按照目标函数及优化变量的性质将其分成静态优化问题和动态优化问题两大类。当目标函数是某些参数的函数时,这样的问题称为静态优化;当目标函数是某些函数的函数(即泛函)时,相应的问题称为动态优化。按照数值计算方法可以将其分为直接优化算法和间接优化算法。

直接优化算法是将静态最优技术直接用于弹道优化问题,即将原弹道优化问题转化为一个参数优化问题,然后采用非线性规划的数值解法求解。从原理上讲,一般非线性规划算法和随机搜索法都可以用于求解转化后的参数优化问题。

当目标函数不可微或者目标函数的梯度存在但难于计算时,可以采用直接优化方法进行求解,这一类方法仅须通过比较目标函数值的大小来移动迭代点,由于其只假定目标函数连续,因而应用范围广,可靠性好。比较有代表性的直接方法有步长加速法、旋转方向法、单纯形方法和方向加速法等。

当目标函数可微并且梯度可以通过某种方法求得时,利用梯度信息可以建立更为有效的优化方法,这类优化方法称为间接法或者微分法。比较有代表性的间接优化算法有牛顿法、共扼梯度法和拟牛顿法等。

优化算法主要包括无约束非线性规划算法和有约束非线性规划算法。

无约束非线性规划算法有间接法和直接法,直接法包括 Powell 法和单纯形法,间接法包括梯度法、牛顿法、DFP 变尺度法。具体特点如下:

① Powell 法:是共轭方向法的一种,与直接法有共同的优点,即不必对目标函数求导,具有二次收敛性,收敛速度快,适合于求解中小型问题。

② 单纯形法:适合于中小型($n<20$)问题的求解,不必对目标函数求导,方法简单、使用方便。

③ 梯度法:须计算一阶偏导数,对初始点的要求较低,初始迭代效果较好,在极值点附近收敛很慢,一般与其他方法配合,在迭代开始时使用。

④ 牛顿法:具有二次收敛性,在极值点附近收敛较快,但要用到一阶导数与二阶导数,并且要用到海森矩阵,计算量大,需要较大的存储空间,且对初始点要求高。

⑤ DFP 变尺度法:是共轭方向法的一种,具有二次收敛性,收敛速度快,可靠性高,须计算一阶偏导,对初始点要求不太高,可求解 $n>100$ 的优化问题,是有效的无约束优化方法,但所需存储空间较大。

有约束非线性规划算法也分直接法和间接法。直接法包括网格法、随机方向法、复合形法;间接法包括拉格朗日乘子法、罚函数法和可变容差法。具体特点如下:

① 网格法:计算量大,只适合于求解小型($n<5$)问题,对目标函数要求不高,易于求得近似局部最优解,也可用于求解离散变量问题。

② 随机方向法:对目标函数的要求不高,收敛速度较快,可用于中小问题的求解,但只能求得局部最优解。

③ 复合形法:具有单纯形法的特点,适合于求解 $n<20$ 的规划问题,但不能求解有等式约束的问题。

④ 拉格朗日乘子法:只适合于求解只有等式约束的非线性规划问题,求解时要解非线性方程组,可以求解不等式约束问题,效率也较高。

⑤ 罚函数法:将有约束问题转化为无约束问题,适合求解大中型问题,计算效果较好。

⑥ 可变容差法:可用来求解有约束的规划问题,可求解含有不等式约束的问题,也可求解含有等式约束的问题。

导弹飞行过程复杂,环境多变,事先无法给出确定的解析过程,且函数表达式非常复杂,根本无法对控制变量迎角、倾侧角求导。从以上算法介绍可知,直接法不用求导,算法比较简单,其中单纯形法稳定性好,准备时间短,适用范围广,更重要的特点是,它是基于图形变换的优化方法,简单易行。随着数值计算的发展,现在常用的算法还有遗传算法、序列二次规划算法等。在此重点介绍单纯形优化算法、遗传算法和序列二次规划算法。

7.2.2 单纯形优化算法

1. 单纯形算法优化过程简介[67]

可变单纯形法是一种直接搜索的方法,最初是由 W. Spendley,G. R. Hext 和 F. R. Himsworth 设计的(1962),随后被 J. Nelder,R. Mead 所改造(1964)。

这里的单纯形指的是 n 维欧式空间 R^n 中具有 $n+1$ 个顶点的凸面体。例如,一维空间的线段、二维空间的三角形、三维空间的四面体等,均为相应空间的单纯形。

可变单纯形法的基本思想是,给定 R^n 中的一个单纯形,求出 $n+1$ 个顶点的函数值,并确定这些函数值中的最大值、次大值、最小值,然后通过反射、扩张、内缩、缩边等方法(几种方法不一定同时使用)求出一个较好点,用它取代最大值的点,以构成新的单纯形,通过多次迭代逼近极小点,迭代过程中逐渐把单纯形向最优点移动。

考虑无约束最小化问题

$$\min f(x), \quad x \in R^n \tag{7.6}$$

设 $x(1),x(2),\cdots,x(n+1)$ 是构成单纯形的 R^n 的 $n+1$ 个顶点,并定义这些顶点中的最大值点 x_H,次大值点 x_G,最小值点 x_L 分别为满足以下条件的点:

$$\begin{cases} f_H = f(x_H) = \max\{f(x_1), f(x_2), \cdots, f(x_{(n+1)})\} \\ f_G = f(x_G) = \max\limits_{1 \leqslant i \leqslant (n+1)}\{f(x_i) | x_i \neq x_H\} \\ f_L = f(x_L) = \min\{f(x_1), f(x_2), \cdots, f(x_{(n+1)})\} \end{cases} \tag{7.7}$$

式中,f_H, f_G, f_L 为 $n+1$ 个顶点中函数的最大值、次大值和最小值。

2. 单纯形法迭代步骤

① 给定初始单纯形,其顶点为 $x_i \in R^n (i=1,2,\cdots,n+1)$;反射系数 $\alpha > 0$,扩展系数 $\gamma > 1$,压缩系数 $\beta \in (0,1)$,允许误差 $\varepsilon > 0$,计算函数值 $f(x_i)(i=1,2,\cdots,n+1)$,并置 $k=1$。

② 按式(7.7)确定最大值点 x_H,次大值点 x_G,最小值点 x_L,其中 $H,G,L \in \{1,2,\cdots,n+1\}$,计算出相应的 f_H, f_G, f_L,再除 x_H 以外的 n 个顶点的形心 $\bar{x}$,令 $\bar{x} = \frac{1}{n}\left[\sum\limits_{i=1}^{n+1} x_i - x_H\right]$,再计算 $f(\bar{x})$。

③ 确定有利的搜索方向:可变单纯形法认为,极小值点在最大值点与其他点的形心连线上的可能性较大,此方法力图在上述方向上找到一个较好点。

④ 进行反射,令 $x_{(n+2)} = \bar{x} + \alpha(\bar{x} - x_H)$,计算 $f(x_{(n+2)})$。

⑤ 若 $f(x_{(n+2)}) < f(x_L)$,则进行扩展,令 $x_{(n+3)} = \bar{x} + \gamma(x_{(n+2)} - x_H)$,计算 $f(x_{(n+3)})$,转步骤⑥;

若 $f(x_L) < f(x_{(n+2)}) < f(x_G)$,则置 $x_H = x_{(n+2)}$,$f(x_H) = f(x_{(n+2)})$,转步骤⑧;

若 $f(x_{(n+2)}) > f(x_G)$,则进行压缩,令 $f(x_{H'}) = \min\{f(x_H), f(x_{(n+2)})\}$,$H' \in \{H, n+2\}$,再令 $x_{(n+4)} = \bar{x} + \beta(x_{H'} - \bar{x})$,计算 $f(x_{(n+4)})$,转步骤⑦。

⑥ 若 $f(x_{(n+3)}) < f(x_{(n+2)})$,则置 $x_H = x_{(n+3)}$,$f(x_H) = f(x_{(n+3)})$,转步骤⑧。

⑦ 若 $f(x_{(n+4)}) < f(x_{H'})$,则置 $x_H = x_{(n+4)}$,$f(x_H) = f(x_{(n+4)})$,转步骤⑧;否则,进行压缩,令 $x_i = x_i + \frac{1}{2}(x_L - x_i)(i=1,2,\cdots,n+1)$,计算 $f(x_i)(i=1,2,\cdots,n+1)$,转步骤⑧。

⑧ 检验是否满足收敛标准,若

$$\left\{\frac{1}{n+1}\sum\limits_{i=1}^{n+1}\left[f(x_i) - f(\bar{x})\right]^2\right\}^{\frac{1}{2}} < \varepsilon$$

则停止计算,现行最好点可作为极小值点的近似;否则,置 $k:=k+1$,返回步骤②。

3. 惩罚函数

单纯形法只能求解无约束极值问题,对于导弹飞行过程来说,由于存在终端约束的限制,属于有约束非线性优化问题,应采用惩罚函数法,将有约束问题转化为无约束极值问题。

一般非线性规划的数学模型可表示为

$$\begin{cases} \min f(x) \\ \text{s. t.} \quad h(\boldsymbol{X}) = 0 \\ g(\boldsymbol{X}) \geqslant 0 \end{cases} \tag{7.8}$$

式中,$\boldsymbol{X} = (x_1, x_2, \cdots, x_n)^{\mathrm{T}}$ 为 n 维向量空间 R^n 中的向量(非线性规划部分所使用的向量规定为列向量);$f(\boldsymbol{X})$ 为向量的实值函数,称为目标函数;$h(\boldsymbol{X}) = (h_1(\boldsymbol{X}), h_2(\boldsymbol{X}), \cdots, h_m(\boldsymbol{X}))^{\mathrm{T}}$ 为等式约束,$g(\boldsymbol{X}) = (g_1(\boldsymbol{X}), g_2(\boldsymbol{X}), \cdots, g_l(\boldsymbol{X}))^{\mathrm{T}}$ 为不等式约束。

一般采用的罚函数法有三种。

(1) 外点罚函数法(简称外点法)

将含不等式约束的优化问题强行改写成不含约束条件的目标函数:

$$\varphi(\boldsymbol{X}, M) = f(\boldsymbol{X}) + M \sum_{i=1}^{m} P(g_i(\boldsymbol{X})) \tag{7.9}$$

其中

$$P(t) = \begin{cases} 0 & \text{当 } t \geqslant 0 \\ t^2 & \text{当 } t < 0 \end{cases} \tag{7.10}$$

或等价地

$$\varphi(\boldsymbol{X}, M) = f(\boldsymbol{X}) + M \sum_{i=1}^{m} \left[\min(0, g_i(\boldsymbol{X})) \right]^2 \tag{7.11}$$

函数 $\varphi(\boldsymbol{X}, M)$ 称为罚函数,其中第二项 $M \sum_{i=1}^{m} P(g_i(\boldsymbol{X}))$ 称为惩罚项,M 称为惩罚因子。

(2) 内点罚函数法(简称内点法)

将含不等式约束的问题改写为如下形式:

$$\varphi(\boldsymbol{X}, r_k) = f(\boldsymbol{X}) + r_k \sum_{i=1}^{m} \frac{1}{g_i(\boldsymbol{X})}, \quad r_k > 0 \tag{7.12}$$

或

$$\varphi(\boldsymbol{X}, r_k) = f(\boldsymbol{X}) - r_k \sum_{i=1}^{m} \ln(g_i(\boldsymbol{X})), \quad r_k > 0 \tag{7.13}$$

式中,$\varphi(\boldsymbol{X}, r_k)$ 为障碍函数或称罚函数,第二项称为障碍项,r_k 称为障碍因子。

(3) 混合点函数法(简称混合点法)

内点法只能解不等式约束问题,而外点法可以解等式约束问题,所谓混合点法是用内点法来处理不等式约束,用外点法来处理等式约束的一种罚函数法。其形式为

$$\varphi(\boldsymbol{X}, r) = f(\boldsymbol{X}) + r \sum_{i=1}^{m} \frac{1}{g_i(\boldsymbol{X})} + \left(\frac{1}{\sqrt{r}} \right) \sum_{j=1}^{p} (h_j(\boldsymbol{X}))^2 \tag{7.14}$$

式中,$r \sum_{i=1}^{m} \dfrac{1}{g_i(\boldsymbol{X})}$ 和 $\dfrac{1}{\sqrt{r}} \sum_{j=1}^{p} (h_j(\boldsymbol{X}))^2$ 都称为惩罚项,r 称为惩罚因子。

内点法必须保证初始点在可行域内,并且迭代过程始终在可行域内进行,这个搜索过程比较复杂,而外点法初始点可以任意选取,一般可以从可行域的外部向可行域逐渐逼近,而且一

且搜索进入可行域,便能立即求得问题的解。

4. 归一化方法

在进行多变量多约束的弹道优化计算时,为了提高优化的效率,常常对优化函数、性能指标、约束条件等进行归一化处理。

归一化就是把需要处理的数据通过某种算法处理后让它的值限定在某一范围内。归一化是为了各个优化变量处于同一量级,防止出现病态,影响优化计算的速度。归一化是一种简化计算的方式,主要有两种用途,一是将所要处理的数据变成(0,1)之间的小数,这主要是为处理数据的方便而提出来的,把数据映射到 0~1 的范围内处理,会更加便捷。另一种是将有量纲的量变为无量纲的量,成为纯量。

常用的归一化方法主要有以下几种:线性函数转换法、对数函数转换法、反余切函数转换法。本文中所采用的是线性函数转换的方法。其转换方法如下:

设 X 是转换前的量,Y 是转换后的量,则

$$Y = \frac{X - X_{\min}}{X_{\max} - X_{\min}} \tag{7.15}$$

式中,$X_{\min}$ 和 $X_{\max}$ 分别为 X 的最大值和最小值。

7.2.3　遗传算法(GA)

遗传算法是以自然选择和遗传理论为基础,将生物进化过程中适者生存规则与群体内部染色体的随机信息交换机制相结合的搜索算法。遗传算法是一种群体型操作,该操作以群体中的所有个体为对象。选择、交叉、变异是遗传算法的三个主要操作算子。遗传算法包括的基本要素有:参数编码、生成初始群体、适应度评估检测、选择、交叉、变异,基本流程如图 7-1 所示。

遗传算法是一类可用于复杂系统优化的具有鲁棒性的搜索算法,与传统的优化算法相比,主要有以下特点:

遗传算法以决策变量的编码作为运算对象;传统的优化算法往往直接决策变量的实际值本身,而遗传算法将决策变量处理为某种编码形式,通过借鉴生物学中的染色体和基因的概念,模仿自然界生物的遗传和进化机理,便于更好地应用遗传操作算子。

遗传算法直接以适应度作为搜索信息,无需导数等其他辅助信息。遗传算法使用多个点的搜索信息具有隐含并行性。遗传算法使用概率搜索技术,而非确定性规则。

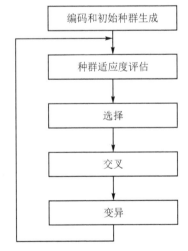

图 7-1　遗传算法基本流程

7.2.4　序列二次规划算法(SQP)

序列二次规划算法(简称 SQP 法)是公认的当今求解光滑的中小规模非线性规划问题的最优秀算法之一。在某一点处用一个近似模型,特别是二次规划模型代替一般带约束非线性最优化模型,以一系列二次规划的解,逼近一般带约束非线性最优化问题的解,这种方法称为

序列二次规划(SQP)法。SQP法的核心是：在当前的迭代点处,利用目标函数的二次近似和约束函数的一次近似,构成一个二次规划,通过求解这个二次规划获得下一个迭代点。一般非线性约束最优化模型称为原问题,作为其近似的二次规划称为子问题。

序列二次规划法中,子问题的形式为：

$$\min \frac{1}{2}\boldsymbol{d}^{\mathrm{T}}\boldsymbol{H}^{(k)}\boldsymbol{d} + \nabla f^{(x^{(k)})\mathrm{T}}\boldsymbol{d}$$

$$\mathrm{s.\,t.} \begin{cases} \nabla g_i(\boldsymbol{x}^{(k)})^{\mathrm{T}}\boldsymbol{d} + g_i(\boldsymbol{x}^{(k)}) = 0, i = 1,2,\cdots,l \\ \nabla g_i(\boldsymbol{x}^{(k)})^{\mathrm{T}}\boldsymbol{d} + g_i(\boldsymbol{x}^{(k)}) \leqslant 0, i = l+1, l+2, \cdots, m \end{cases} \tag{7.16}$$

式中,$\boldsymbol{d} = \boldsymbol{x} \cdot \boldsymbol{x}^{(k)}$,$\boldsymbol{x}^{(k)}$ 为 R^n 中的一个特定点;$\boldsymbol{H}^{(k)}$ 为一阶实对称矩阵。可以看出,约束函数在 $x^{(k)}$ 处泰勒展开式取不高于一次项的部分。目标函数的海塞矩阵 $\boldsymbol{H}^{(k)}$ 有多种形式：

① $\boldsymbol{H}^{(k)} = 0$,为序列线性规划法;

② $\boldsymbol{H}^{(k)} = \nabla^2 f(\boldsymbol{x}^{(k)})$,目标函数 $f(\boldsymbol{x})$ 是在 $x^{(k)}$ 处泰勒展开式的二次项和一次项部分,称为牛顿法。

③ $\boldsymbol{H}^{(k)} = \nabla_x^2 L(\boldsymbol{x}^{(k)}, \lambda^{(k)})$,$\nabla_x^2 L(\boldsymbol{x}^{(k)}, \lambda^{(k)})$ 是拉格朗日函数 $L(\boldsymbol{x}, \lambda) = f(\boldsymbol{x}) - \sum\limits_{i=1}^m \lambda_i g_i(\boldsymbol{x})$ 在 $(\boldsymbol{x}^{(k)}, \lambda^{(k)})$ 处关于 $\boldsymbol{x}^{(k)}$ 的海塞矩阵,这种方法称为拉格朗日法。

④ $\boldsymbol{H}^{(k)}$ 是一个包含 $\nabla^2 f(\boldsymbol{x}^{(k)})$ 和 $\nabla_x^2 L(\boldsymbol{x}^{(k)}, \lambda^{(k)})$ 信息的正定矩阵,其形式有很多,统称为拟牛顿法。

子问题式(7.16)的 Kuhn-Tucker 条件：

$$\begin{cases} \boldsymbol{H}^{(k)}\boldsymbol{d} + \nabla f(\boldsymbol{x}^{(k)}) = \sum\limits_{i=1}^m \lambda_i \nabla g_i(\boldsymbol{x}^{(k)}) \\ \lambda_i \geqslant 0, \lambda_i (\nabla g_i(\boldsymbol{x}^{(k)})^{\mathrm{T}}\boldsymbol{d} + g_i(\boldsymbol{x}^{(k)})) = 0 \\ \nabla g_i(\boldsymbol{x}^{(k)})^{\mathrm{T}}\boldsymbol{d} + g_i(\boldsymbol{x}^{(k)}) = 0, \quad i = 1,2,\cdots,l \\ \nabla g_i(\boldsymbol{x}^{(k)})^{\mathrm{T}}\boldsymbol{d} + g_i(\boldsymbol{x}^{(k)}) \leqslant 0, \quad i = l+1, l+2, \cdots, m \end{cases} \tag{7.17}$$

此不等式组的解记为 $(d^{(k)}, \lambda^{(k)})$。如果 $d^{(k)} = 0$,可以看作是原问题的 Kuhn-Tucker 条件的解,因而是原问题的一个可供选择的解。

序列二次规划法是求解约束极值问题最有效的方法之一。以拉格朗日函数的海塞矩阵作为子问题目标函数的海塞矩阵,子问题的模型为

$$\min \frac{1}{2}\boldsymbol{d}^{\mathrm{T}} \nabla_x^2 L(\boldsymbol{x}^{(k)}, \lambda^{(k)})\boldsymbol{d} + \nabla f(\boldsymbol{x}^{(k)})^{\mathrm{T}}\boldsymbol{d}$$

$$\mathrm{s.\,t.} \begin{cases} \nabla g_i(\boldsymbol{x}^{(k)})^{\mathrm{T}}\boldsymbol{d} + g_i(\boldsymbol{x}^{(k)}) = 0, \quad i = 1,2,\cdots,l \\ \nabla g_i(\boldsymbol{x}^{(k)})^{\mathrm{T}}\boldsymbol{d} + g_i(\boldsymbol{x}^{(k)}) \leqslant 0, \quad i = l+1, l+2, \cdots, m \end{cases} \tag{7.18}$$

目标函数中的 $\nabla_x^2 L(\boldsymbol{x}^{(k)}, \lambda^{(k)})$ 可能不是正定的,而且计算复杂,目前流行的做法是将 $\nabla_x^2 L(\boldsymbol{x}^{(k)}, \lambda^{(k)})$ 换为一个与之接近的正定矩阵 $\boldsymbol{H}^{(k)}$ 进行计算。采用约束极值问题的 BFGS 公式可保证 $\boldsymbol{H}^{(k)}$ 的正定性。BFGS 公式为

$$\boldsymbol{H}^{(k+1)} = \boldsymbol{H}^{(k)} + \frac{\Delta \eta^{(k)}(\Delta \eta^{(k)})^{\mathrm{T}}}{(\Delta \eta^{(k)})^{\mathrm{T}}\Delta g^{(k)}} - \frac{\boldsymbol{H}^{(k)}\Delta g^{(k)}(\boldsymbol{H}^{(k)}\Delta g^{(k)})^{\mathrm{T}}}{(\Delta g^{(k)})^{\mathrm{T}}\boldsymbol{H}^{(k)}\Delta g^{(k)}}$$

$$\Delta \boldsymbol{x}^{(k)} = \boldsymbol{x}^{(k+1)} - \boldsymbol{x}^{(k)}$$

$$\Delta g^{(k)} = \nabla_x L(x^{(k+1)}, \lambda^{(k)}) - \nabla_x L(x^{(k)}, \lambda^{(k)})$$

$$\eta^{(k)} = \theta_k \Delta g^{(k)} + (1 - \theta_k) H^{(k)} \Delta x^{(k)}$$

$$\theta_k = \begin{cases} 1 & (\Delta x^{(k)})^{\mathrm{T}} \Delta g^{(k)} \geqslant 0.2(\Delta x^{(k)})^{\mathrm{T}} H^{(k)} \Delta x^{(k)} \\ \dfrac{0.8(\Delta x^{(k)})^{\mathrm{T}} H^{(k)} \Delta x^{(k)}}{(\Delta x^{(k)})^{\mathrm{T}} H^{(k)} \Delta x^{(k)} - (\Delta x^{(k)})^{\mathrm{T}} \Delta g^{(k)}} & (\Delta x^{(k)})^{\mathrm{T}} \Delta g^{(k)} < 0.2(\Delta x^{(k)})^{\mathrm{T}} H^{(k)} \Delta x^{(k)} \end{cases}$$

$$(7.19)$$

约束极值问题中，$x^{(k)}$ 通常不是可行解，有时不应要求 $f(x^{(k+1)}) < f(x^{(k)})$，而应要求 $x^{(k+1)}$ 更靠近可行域。这就需要一个综合评价迭代解优劣的精确罚函数，即

$$P(x, r) = f(x) + \sum_{i=1}^{l} r_i |g_i(x)| - \sum_{i=l+1}^{m} r_i \min\{0, g_i(x)\} \tag{7.20}$$

SQP 计算步骤如下：

① 初始化：选取初始点 $x^{(1)}$，计算精度 $\varepsilon > 0$，足够大的常数 $c > 0$，初始矩阵 $H^{(1)} = I_{n \times n}$，令 $k = 1$。

② 求解子问题：解二次规划子问题式(7.18)，求出满足子问题的 Kuhn-Tucker 条件的解 $(d^{(k)}, \lambda^{(k)})$。

③ 若 $\| d^{(k)} \| < \varepsilon$，则 $x^{(k+1)} = x^{(k)} + d^{(k)}$ 为最优解，计算结束。否则，如果：$P(x^{(k)} + d^{(k)}, r) < P(x^{(k)}, r)$，则令 $x^{(k+1)} = x^{(k)} + d^{(k)}$，并由 BFGS 公式计算 $H^{(k+1)}$，$k = k + 1$，转第②步；否则转到第④步。

④ 一维搜索：解一维最优化问题 $\min\limits_{\lambda \geqslant 0} P(x^{(k)} + \lambda d^{(k)}, r)$，求出最优步长 $\lambda^{(k)}$，令 $x^{(k+1)} = x^{(k)} + \lambda^{(k)} d^{(k)}$。

⑤ 更新矩阵 $H^{(k)}$：用 BFGS 公式更新矩阵 $H^{(k)}$，确定新的正定对称矩阵 $H^{(k+1)}$，令 $k = k + 1$，返回第②步。

7.2.5 弹道优化在 MATLAB 环境下的实现

1. 单纯形优化算法

MATLAB 中应用单纯形优化算法的指令为 fminsearch，该指令可以优化求解多优化变量、无约束的最小值问题，无须使用函数导数的相关信息。具体指令介绍如下：

```
x = fminsearch(fun, x0);
[x,fval] = fminsearch(fun, x0);
```

x0 为优化变量的初值；fun 为待优化的函数；x 为求得的函数 fun 最小时对应的优化变量的值；fval 为函数的最小值。更详细的指令形式请参考 MATLAB 帮助文档。

2. 遗传算法(GA)

MATLAB 中遗传算法的指令为 GA，该指令可以优化求解多优化变量、带约束的最小值问题，无须使用函数导数的相关信息。具体指令介绍如下：

```
[x,fval,exitflag,output,population,scores] = ga(fitnessfcn,nvars,A,b,Aeq,beq,LB,UB,nonlcon,
options);
```

fitnessfcn 为适应度函数(目标函数)；nvars 为优化变量的维数；A,b 为线性不等式约束；Aeq，beq 为线性等式约束；LB，UB 为优化变量的边界；nonlcon 为非线性约束。种群大小和优化的

迭代次数(父辈子辈的代数)可以在 options 中设置。更详细的指令形式请参考 MATLAB 帮助文档。

3. 序列二次规划(SQP)算法

MATLAB 中应用序列二次规划算法的指令为 fmincon,该指令可以优化求解多终端约束、多过程约束和多变量优化的最小值问题。具体指令介绍如下:

```
[x,fval,exitflag,output] = fmincon(@objfun,x0,[],[],[],[],lb,ub,@confun,options);
```

x0 为优化变量的初值,objfun 为目标函数,confun 为过程约束和终端约束的计算函数,lb 和 ub 分别为优化变量的下界和上界 options 为函数参数设置,一般为默认值,函数输出,x 为优化计算得到的最优值,fval 为相对应的函数最小值。更详细的指令形式请参考 MATLAB 帮助文档。

7.3　弹道优化算例

下面用几个例子介绍几种优化算法的应用。

7.3.1　Rosenbrock 香蕉函数最小值求解

求函数:$f(x)=100(x_2-x_1)^2+(1-x_1)^2$ 的最小值以及对应的 x_1 和 x_2 的值。
具体指令如下:

```
banana = @(x) 100 * ( x(2) - x(1)^2 )^2 + ( 1 - x(1) )^2
[x,fval] = fminsearch (banana, [-1.2, 1])
```

计算结果为

```
x = [1.0000  1.0000];  fval = 8.1777e-10;
```

优化初值为 $[-1.2, 1]$,最终获得的最优值为 $8.177\ 7\times10^{-10}$,对应的 x 为 $[1.000\ 0, 1.000\ 0]$。

7.3.2　具有额外参数的函数最小值求解

求函数 $f(x)=x_1^2+ax_2^2$ 在给定 a 值时的最小值以及对应的 x_1 和 x_2 的值。

如果函数 $f(x)$ 比较复杂或者有其他参数输入时也可用 m 文件编写相应的函数。具体代码如下:

定义的 m 文件 myfun.m 代码如下:

```
function f = myfun(x, a)
f = (x(1) - 1)^2 + (a * x(2) - 2)^2;
```

主文件如下:

```
a = 4;
[x,fval] = fminsearch(@(x) myfun(x, a), [0,1])
```

计算结果为

```
x = [1.0000  0.5000]
fval = 2.4495e-009
```

选择[0,1]作为 x_1 和 x_2 的初值,优化计算可得函数在 $a=4$ 时的最小值为 2.4495×10^{-9},对应的 x_1 和 x_2 为[1.0000 0.5000]。

7.3.3　弹道优化设计算例

空地导弹在铅垂平面内无动力滑行,求最优攻角控制规律以保证在末端弹道倾角的约束下末端速度最大。

导弹的初始条件如表 7-1 所列。

表 7-1　导弹初始条件设置

参　数	m_0/kg	s_{ref}/m²	V_0/(m·s⁻¹)	h_0/m	θ_0/(°)	a/(m·s⁻¹)
取　值	260	1.2	150	5 000	−3	340

阻力系数公式如下:

$$\boldsymbol{C}_x = [M^2, M, 1] \cdot \begin{bmatrix} 0.0002 & 0.0038 & 0.1582 \\ -0.0022 & -0.0132 & -0.8520 \\ 0.0115 & -0.0044 & 1.9712 \end{bmatrix} \cdot [\alpha^2, \alpha, 1]^T \tag{7.21}$$

升力系数公式如下:

$$\boldsymbol{C}_y = [M^2, M, 1] \cdot [-0.0173 \quad 0.0434 \quad 0.3275]^T \cdot \alpha \tag{7.22}$$

密度公式如下:

$$\rho = 1.225 e^{-0.00015h} \tag{7.23}$$

末端约束为

$$h_f = 0 \text{ m}, \quad \theta_f = -70° \tag{7.24}$$

求解过程如下:

假定攻角随高度线性变化。要求无动力飞行末速最大,且满足末端弹道倾角为 −70°。

选择攻角形式为

$$\alpha = \alpha_0 + \frac{\alpha_0 - \alpha_f}{h_0 - h_f}(h - h_0) \tag{7.25}$$

描述控制攻角规律的初值和末值作为优化变量;仿真停止条件为高度等于 0;末端约束为:弹道倾角 $=-70°$;性能指标为末速最大。

针对此最优控制问题,首先建立飞行器运动模型,铅垂面的飞行器运动方程如下:

$$\begin{cases} m\dot{V} = -X - G\sin\theta \\ mV\dot{\theta} = Y - G\cos\theta \\ \dot{x}_g = V\cos\theta \\ \dot{y}_g = V\sin\theta \end{cases} \tag{7.26}$$

气动力计算公式如下:

$$\begin{cases} X = c_x q S_{ref} \\ Y = c_y q S_{ref} \end{cases} \tag{7.27}$$

采用 MATLAB 建立飞行器的仿真模型,输入攻角初值 α_0 和末值 α_f,输出航程、弹道倾角、高度等。

(1) 单纯形优化算法求解

采用 fminsearch 来优化求解,由于 fminsearch 是采用单纯形算法的无约束优化的指令,故优化求解此问题时需要将约束以惩罚函数的形式写入性能指标。

首先,需要建立仿真程序,输入优化变量,通过仿真输出综合性能指标。

具体程序如下:

```
function f = flight_sim (u)
alpha0 = u(1);
alphaf = u(2);
tspan = [0:0.1:200];
V0 = 150; theta0 = -3 * pi/180; h0 = 5000; x0 = 0;
y0 = [V0;theta0;h0;x0];
hf = 0;
assignin('base', 'alpha0', alpha0);
assignin('base', 'alphaf', alphaf);
assignin('base', 'h0', h0);
assignin('base', 'hf', hf);
options = odeset('events',@stop_condition);
[tt yy] = ode45(@dydt,tspan,y0,options);
vf = yy(end,1);
thetaf = yy(end,2) * 180/pi;
f = -vf/150 + 10000 * (thetaf + 70)^2/70^2;
if (alpha0>8 ||alphaf>5)
    f = 100000;
end
```

```
function ydot = dydt(t,y)
ydot = zeros(4,1);
m = 260; a0 = 340;sref = 1.2;g0 = 9.81;
v = y(1); theta = y(2); h = y(3); range = y(4);
Ma = y(1)/a0;

alpha0 = evalin('base', 'alpha0');
alphaf = evalin('base', 'alphaf');
h0 = evalin('base', 'h0');
hf = evalin('base', 'hf');
alpha = interp1([h0;hf],[alpha0;alphaf],h,'linear','extrap');

cx_coef = [0.0002,0.0038,0.1582;-0.0022,-0.0132,-0.8520;0.0115,-0.0044,1.9712];
cy_coef = [-0.0173,0.0434,0.3275]';
cx = [Ma^2, Ma,1] * cx_coef * [alpha^2, alpha, 1]';
cy = [Ma^2, Ma,1] * cy_coef * alpha;
air_density = 1.225 * exp(-0.00015 * h);
Q = 0.5 * air_density * v^2;
v_dot = -cx * Q * sref/m - g0 * sin(theta);
theta_dot = cy * Q * sref/(m * v) - g0 * cos(theta)/v;
h_dot = v * sin(theta);
x_dot = v * cos(theta);
ydot = [v_dot; theta_dot; h_dot; x_dot];
```

仿真停止条件函数程序如下：

```
function [value isterminal direction] = stop_condition(t,y)
h = y(3);
value = h;
isterminal = 1;
direction = -1;
```

优化的主程序如下：

```
u0 = [4,3];
u = fminsearch(@flight_sim,u0,optimset('Display','iter'))
alpha0 = u(1); alphaf = u(2);
```

执行程序后的部分结果如下：

```
Iteration   Func - count       min f(x)         Procedure
    0            1             113.282
    1            3             113.282           initial simplex
    2            5             59.3365           expand
    3            7             37.2138           expand
    4            9             1.33057           expand
    5           10             1.33057           reflect
...........................
   40           78           - 0.277843          contract inside
   41           79           - 0.277843          reflect
   42           81           - 0.277843          contract inside
   43           83           - 0.277843          contract inside

Optimization terminated:
the current x satisfies the termination criteria using OPTIONS. TolX of 1.000000e - 004
  and F(X) satisfies the convergence criteria using OPTIONS. TolFun of 1.000000e - 004
  u =     4.4234    1.9873
```

输入初始 $[\alpha_0,\alpha_f]=[4,3]$，优化后获得的描述攻角的参数为 $[\alpha_0,\alpha_f]=[4.423\ 4,1.987\ 3]$。末端弹道倾角为 $-70°$，严格满足末端约束，末端速度为 41.67 m/s，比初始仿真速度也提高了。

具体的初始和优化后的弹道、速度、弹道倾角曲线分别如图 7-2、图 7-3、图 7-4 所示。

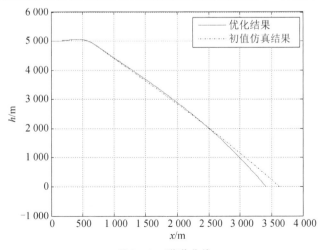

图 7-2　弹道曲线

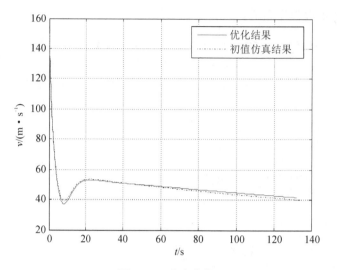

图 7 - 3 速度曲线

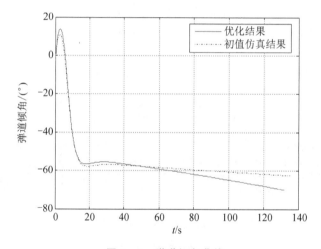

图 7 - 4 弹道倾角曲线

（2）序列二次规划算法（SQP）求解

如果采用序列二次规划算法（SQP）求解，采用 fmincon 指令来优化求解，由于 fmincon 是可以直接处理过程约束和终端约束的指令，故优化求解此问题时直接以速度最大作为性能指标，末端弹道倾角约束直接写入约束函数即可。并且采用 fmincon 时可以直接设置优化变量的范围，故仿真程序不用判断优化变量的范围。

具体的性能指标函数和约束函数程序如下：

```
function val = flight_sim_obj(u)   % 性能指标函数
alpha0 = u(1);
alphaf = u(2);
tspan = [0:0.1:200];
V0 = 150; theta0 = -3 * pi/180; h0 = 5000; x0 = 0;
y0 = [V0;theta0;h0;x0];
hf = 0;
```

```
assignin('base', 'alpha0', alpha0);
assignin('base', 'alphaf', alphaf);
assignin('base', 'h0', h0);
assignin('base', 'hf', hf);
options = odeset('events',@stop_condition);
[tt yy] = ode45(@dydt,tspan,y0,options);
vf = yy(end,1);
thetaf = yy(end,2) * 180/pi;
assignin('base', 'thetaf', thetaf);
assignin('base', 'vf', vf);
val = - vf/150 ;

function [c, ceq] = flight_sim_con (u)    % 约束函数
  thetaf = evalin('base', 'thetaf');
  c = [  thetaf/70 + 0.9999;
         - thetaf/70 - 1.0001];
  ceq = [ ];
```

SQP 算法优化主程序如下：

```
lb = [0   0];
ub = [8   5];
u0 = [43];
options = optimset('Algorithm','active - set','Display', 'iter', 'MaxFunEvals',800,'MaxIter',200);
[u,fval,exitflag,output] = fmincon(@flight_sim_obj,u0, [],[],[],[], lb,ub,@flight_sim_con,
options);
alpha0 = u(1)
alphaf = u(2)
vf
thetaf
```

执行程序后的结果如下：

```
alpha0 = 3.9978
alphaf = 1.9963
vf = 41.6298
thetaf = - 70.0070
```

如果将初值选为：[1,3]，那么优化结果为

```
alpha0 = 0.4264
alphaf = 2.1037
vf = 41.7027
thetaf = - 70.0070
```

在满足终端约束的前提下，获得的末端速度更大。由此可见，SQP 优化算法优化获得的结果跟初值关系较大，因为此算法为局部优化算法。

（3）遗传算法求解

用遗传算法来优化求解弹道优化问题。因为遗传算法是一种概率搜索算法，不需要初值，理论上获得的是全局最优解。遗传算法求解上面弹道优化问题的代码如下：

遗传算法主程序如下：

```
clear;clc;
lb = [0  0];
ub = [5  5];
options = gaoptimset('Display','iter','Generations',30,'PopulationSize',40);
[x,fval,exitflag] = ga(@flight_sim,2,[],[],[],[],lb,ub,[],options);
flight_sim(x);
alpha0 = x(1)
alphaf = x(2)
vf
thetaf
```

执行程序后的结果如下：

```
alpha0 = 0.3878
alphaf = 2.1054
vf = 41.7012
thetaf = - 70.0003
```

结果显示末端弹道倾角符合要求，最大速度为 41.701 2 m/s，和前面其他算法获得的结果一致。由于遗传算法是一种概率搜索算法，不需要提供初值，只需要提供优化设计变量的变化区间即可。

7.4   弹道优化设计实验

滑翔飞行器 CAV-L[68] 在铅垂平面内无动力滑行，求最优攻角控制规律以保证在末端速度、弹道倾角约束以及热流过程的约束下使滑行航程最大。

滑翔飞行器的飞行器参数、初始条件和末端约束如表 7-2 所列。

表 7-2   滑翔飞行器的飞行器参数、初始条件和末端约束

参　数	m_0/kg	s_{ref}/m^2	Ma_0	h_0/km	θ_0/(°)	Ma_f	h_f/km	θ_f/(°)
取　值	907.2	0.483 9	22	60	0	6.5	30	<0

阻力系数、升力系数公式如下：

$$\begin{cases} C_x = C_{x1}\alpha^2 + C_{x2}e^{(C_{x3}\cdot Ma)} + C_{x0} \\ C_y = C_{y1}\alpha + C_{y2}e^{(C_{y3}\cdot Ma)} + C_{y0} \end{cases} \tag{7.28}$$

其中

$$C_{y1} = 0.051\ 3, \qquad C_{y2} = 0.294\ 5, \qquad C_{y3} = -0.102\ 8, \qquad C_{y0} = -0.231\ 7,$$

$$C_{x1} = 7.24 \times 10^{-4}, \qquad C_{x2} = 0.406, \qquad C_{x3} = -0.323, \qquad C_{x0} = 0.024$$

密度公式如下：

$$\rho = 1.225e^{-0.000\ 15h} \tag{7.29}$$

此问题中铅垂面的飞行器运动方程如下：

$$\begin{cases} \dfrac{\mathrm{d}Ma}{\mathrm{d}t} = \dfrac{-X - m \cdot g \cdot \sin\theta}{a \cdot m} \\[3mm] \dfrac{\mathrm{d}\theta}{\mathrm{d}t} = \dfrac{Y - mg\cos\theta}{a \cdot m \cdot Ma} + \dfrac{Ma \cdot a \cdot \cos\theta}{R_0 + h} \\[3mm] \dfrac{\mathrm{d}h}{\mathrm{d}t} = a \cdot Ma \cdot \sin\theta \\[3mm] \dfrac{\mathrm{d}r}{\mathrm{d}t} = \dfrac{R_0 \cdot a \cdot Ma \cdot \cos\theta}{R_0 + h} \end{cases} \tag{7.30}$$

式中，Ma 为马赫数；θ 为弹道倾角；h 为高度；r 为航程；X 为阻力；Y 为升力；m 为质量；g 为地面重力加速度；a 为声速，声速与高度相关，但在此为了简化问题，取 $a = 340 \text{ m/s}$。

假定攻角随马赫数符合以下变化规律变化。

选择攻角形式为

$$\alpha = \begin{cases} \alpha_0 & Ma \geqslant Ma_1 \\[3mm] \alpha_0 + \dfrac{\alpha_f - \alpha_0}{Ma_2 - Ma_1} \cdot (Ma - M_1) & Ma < Ma_1 \end{cases} \tag{7.31}$$

描述控制攻角规律的参数 $(\alpha_0, \alpha_f, Ma_1)$ 作为优化变量；仿真停止条件为高度等于 h_f；末端约束为：弹道倾角 $< 0°$，末端马赫数为 6.5，攻角范围为 [5, 25]，性能指标为滑行航程最大。

弹道优化实验要求：优化描述攻角规律的参数 α_0, α_f, Ma_1，满足所有约束并使滑行航程最大。

① 完成弹道优化设计实验，给出程序代码和结果曲线。

② 写出学习体会，谈谈对本实验的建议和意见。

附　　录

附录 A　Simulink Real-Time 操作指南

A.1　引　言

Simulink Real-Time 是 MathWorks 公司提供和发行的一个基于 RTW(实时工作间)体系框架的附加产品,可将计算机或 PC 兼容机转变为一个实时系统。实时系统是指能在确定的时间内执行其功能并对外部的异步事件做出响应的计算机系统。在日常工作、学习环境中接触最多的是由分时操作系统发展而来的通用操作系统,系统内同时可有多道程序运行,由 CPU 分配时间,尽量缩短系统的平均响应时间并提高系统的效率。而实时操作系统除了具有通用操作系统的特性和功能外更强调实时性。它们的本质区别在于时间限制:一是周期性,即必须按一定周期启动执行任务;二是时限性,即必须在规定时间内完成任务。比如通过 Simulink 采集处理目标 10 s 内的角速度信息,直接用 Simulink 模型执行可能会需要 20 s,此时经过积分得到目标的角度信息就不是准确的。而通过 Simulink Real-Time 实时地采集处理 10 s 的数据,有了这个时间限制,积分得到的角度信息才是准确有效的。

本文搭建了一个简单的 Simulink 模型以阐述 Simulink Real-Time 的基本功能。该模型没有 I/O 模块,无论有 I/O 硬件与否,都可以在主机上运行这些程序。模型搭建包含以下各部分:

① Simulink 模型:创建一个 Simulink 模型,它具有一个输入和一个输出以获得和描绘数据。

② Simulink Real-Time 程序:创建一个启动盘,并启动目标机。创建一个目标程序并下载到一个目标机中。

③ 运行目标程序:实时运行程序来测试目标程序的性能。

④ Menu Bar and Toolbar Contents and Shortcut Keys:学习 Simulink Real-Time Explorer 的目录和工具条。

A.2　Simulink 模型

在创建目标程序之前,需要建立一个 Simulink 模型。在 Simulink 模型中添加 Simulink Real-Time 示波器模块,然后创建目标程序(可以在下位机运行)。

(1) 创建一个简单的 Simulink 模型

Simulink 模型包括一个传递函数和一个信号发生器。如果想要在模型运行过程中看到信号,可以添加一个标准的 Simulink Scope 模块。具体操作步骤如下:

① 在 MATLAB 命令窗中键入 simulink,将 Simulink Library Browser 窗口打开,如图 A-1 所示。

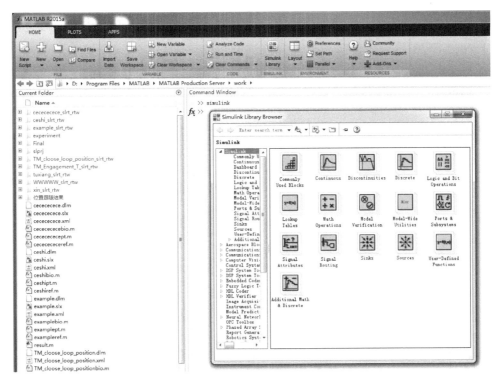

图 A－1　Simulink Library Browser 窗口

② 在工具栏中单击新建图标旁的下拉箭头，单击 New Model，一个空白的 Simulink 模型窗被打开，如图 A－2、图 A－3 所示。

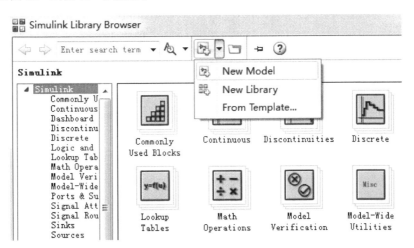

图 A－2　新建 Simulink 模型

③ 在左边的窗口中双击 Simulink，并单击 Sources。在 Simulink Library Browser 的左边窗口中显示一个模块列表，如图 A－4 所示。

④ 单击并拖动下面的 Sine Wave 模块到 Simulink 模型窗中，如图 A－5 所示。

⑤ 在 Simulink Library Browser 窗口中，单击 Sinks，添加一个 Scope 模块，如图 A－6 所示。

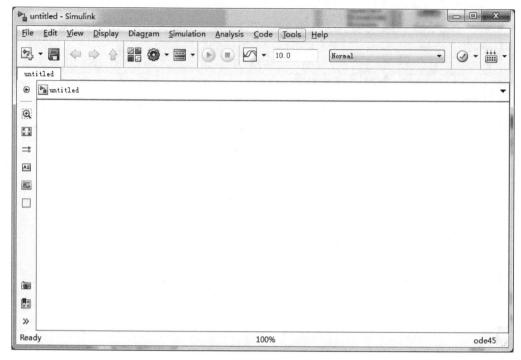

图 A-3　空白的 Simulink 模型窗

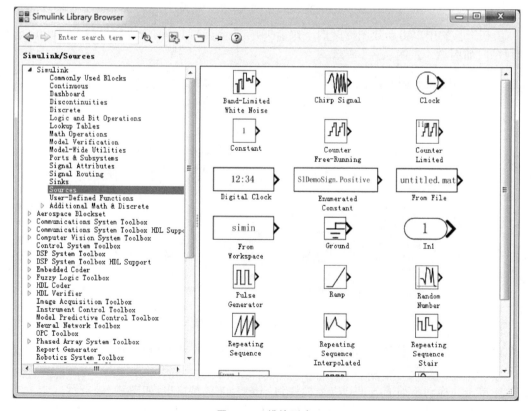

图 A-4　模块列表

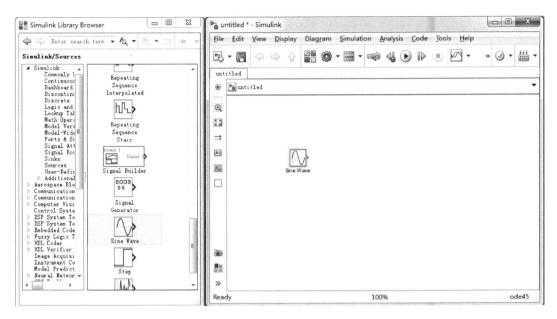

图 A-5　添加 Sine Wave 模块

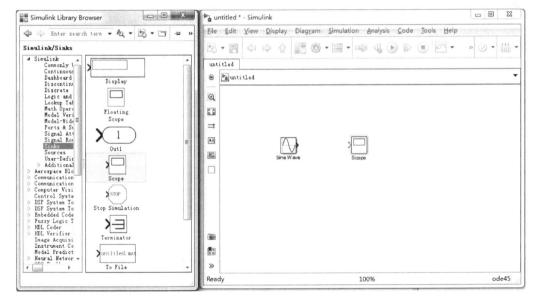

图 A-6　添加一个 Scope 模块

⑥ 双击 Sine Wave 模块,打开模块参数对话框。可以根据需求更改正弦信号的振幅、相位、频率等。完成后单击 OK 按钮,如图 A-7 所示。

⑦ 通过鼠标拉动箭头将两个模块连接起来,如图 A-8 所示。

⑧ 在 File 菜单单击 Save As,并输入文件名称,如 example,单击 OK 按钮。这样一个最简单的 Simulink 模型搭建完成。

(2) 添加 Simulink 输出模块和 Simulink Real-Time 示波器模块

为了后面的 Simulink Real-Time 仿真实验,需要在前面搭好的模型中再加入 Simulink 输

图 A-7　设置正弦信号属性

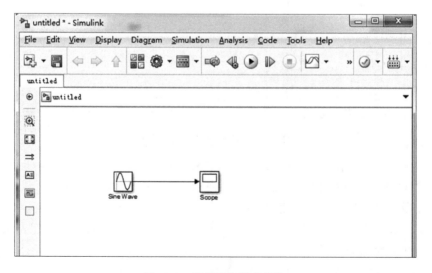

图 A-8　连接输入输出模块

出模块和 Simulink Real-Time 示波器模块。在 Simulink Library Browser 窗口中单击 Sinks 添加一个 Out1 模块,如图 A - 9 所示。

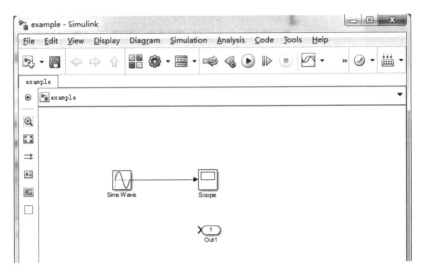

图 A - 9　添加一个 Out1 模块

在 Simulink Library Browser 窗口左边一行的最下面,找到并双击 Simulink Real-Time,单击 Displays and Logging,如图 A - 10 所示。

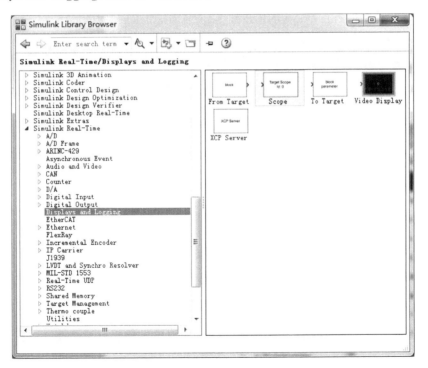

图 A - 10　找到 Displays and Logging

单击并拖动 Scope 到 Simulink 模块图表中,Simulink 就会添加一个新的示波器模块到模型中,如图 A - 11 所示。

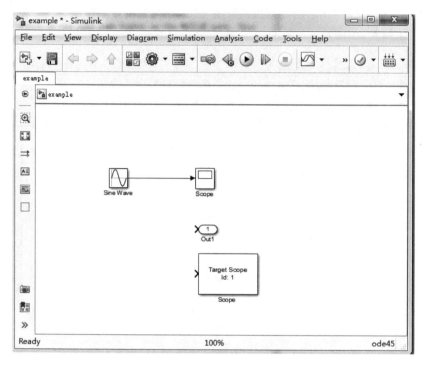

图 A-11 添加 slrt 中的示波器模块

将这两个模块连到 Sine Wave 的输出线上,并保存,如图 A-12 所示。

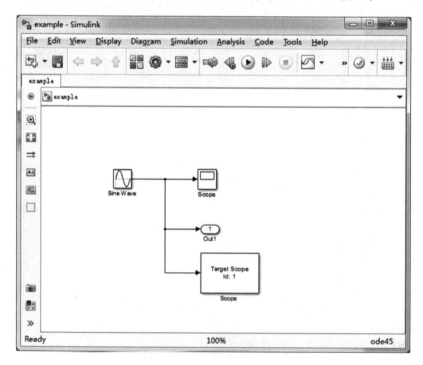

图 A-12 连接各个模块

（3）用 Simulink 仿真模型

单击 example 模型中 Simulation 菜单的 Run，或者直接单击绿色的三角图标，即可运行模型，如图 A - 13 所示。

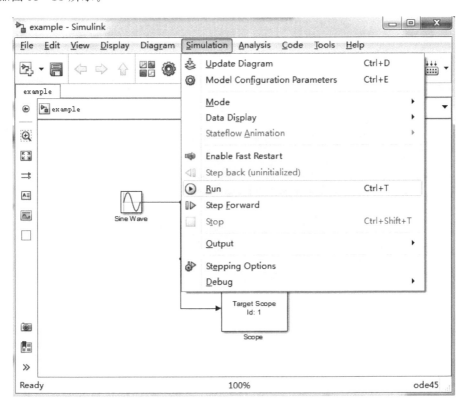

图 A - 13　运行仿真模型

然后双击 Scope 模块即可看到正弦波形，如图 A - 14 所示。

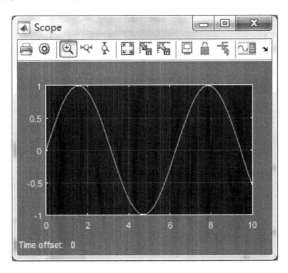

图 A - 14　查看正弦波形

A.3 Simulink Real-Time

Simulink 上的仿真是非实时的,接下来在 Simulink Real-Time 上进行实时仿真。

(1) 连接目标机

在 MATLAB 命令窗口中输入 xpcexplr(slrtexplr)并回车,弹出 Simulink Real-Time Explorer 窗口,如图 A-15 所示。

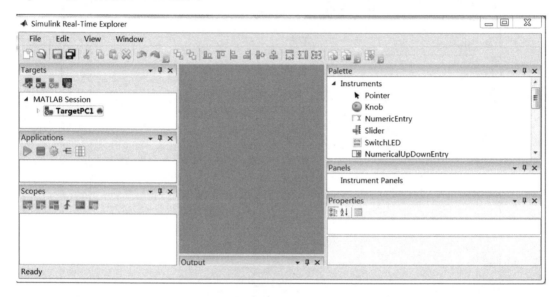

图 A-15 打开 Simulink Real-Time Explorer

双击 TargetPC1,再单击 Properties,确认目标机与主机的地址正确。对于实验室的机器这几项已经设置好,不用再更改,如图 A-16 所示。

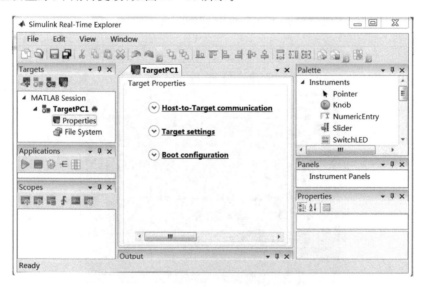

图 A-16 目标机与主机的属性设置

单击 TargetPC1 旁边的红色按钮,连接成功后变成绿色,如图 A－17 所示。

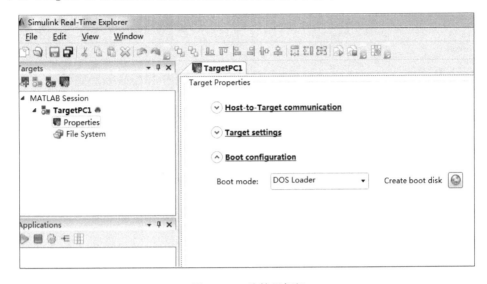

图 A－17　连接目标机

(2) 设置模型参数

选择之前建立好的命名为 example 的 Simulink 模型窗口,单击 Simulation 菜单中的第二项 Model Configuration Parameters...,或者直接按快捷键 Ctrl＋E,弹出参数设置窗口,如图 A－18 所示。

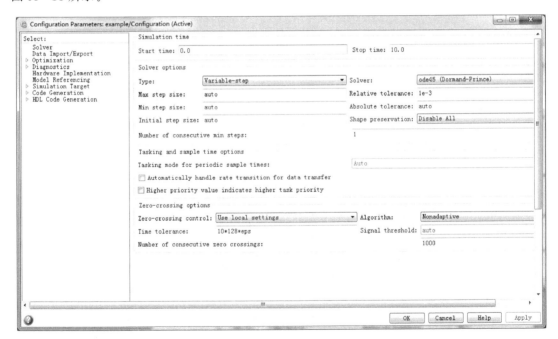

图 A－18　模型的参数设置窗口

将停止时间 Stop time 设置为 inf;Type 设置为 Fixed-step;Solver 设置为 ode5(Dormand-Prince);采样时间 Fixed-step size 可以设置为自动 auto,也可以根据需要更改,这里设置为

0.01s,如图 A-19 所示。

图 A-19　解算器设置

再单击左边菜单中的 Code Generation,单击第一项 System target file 右边的 Browse,选择 slrt.tlc,如图 A-20 所示。

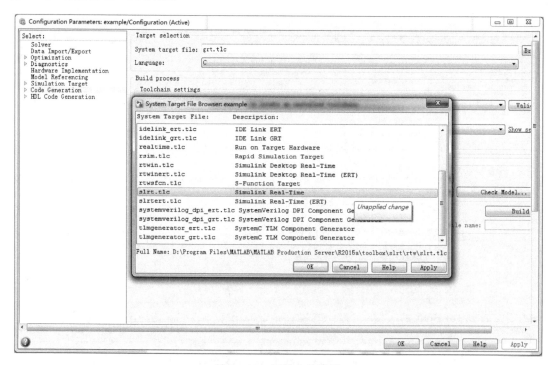

图 A-20　目标文件设置

最后单击 OK 按钮和参数设置窗口的 OK 按钮。

（3）建立实时工作模型

单击 example 模型菜单中的编译按钮或单击 Build Model，或者直接按快捷键 Ctrl＋B。
目标程序就被编译、链接、下载到目标机上，如图 A－21 所示。

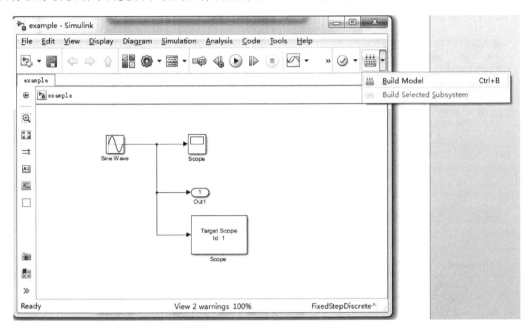

图 A－21 模型编译

单击 Simulation 菜单中的第二项 Model Configuration Parameters... 中的 Data Import/
Export，勾上右边 Time 和 Output 选项，如图 A－22 所示。

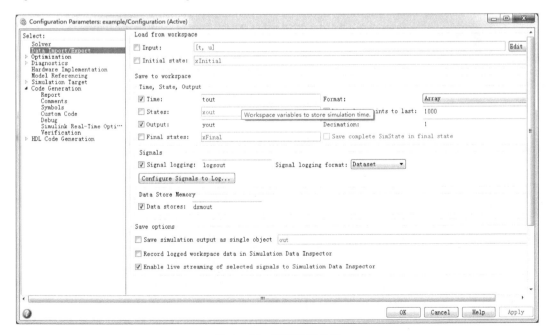

图 A－22 数据输出设置

（4）运行目标应用程序

单击 TargetPC1/example 旁边的绿色三角按钮，可以在下位机显示器上看到正弦波形。由于前面设置的停止时间是无穷，要停止运行程序可以单击 TargetPC1/example 旁边的红色方形按钮，如图 A－23 所示。

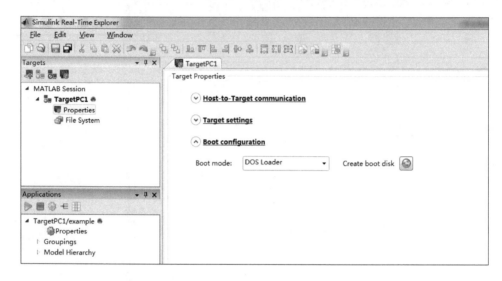

图 A－23　通过上位机启动目标机里面的程序

运行停止后，输出的数据就被送到 MATLAB 的工作空间中，然后就可以根据自己的需求来处理所得数据了，如图 A－24 所示。

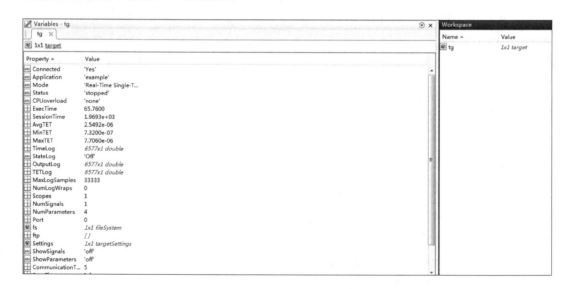

图 A－24　下位机返回来的数据

输入指令 xpctargetspy，可以得到运行结果图。

A.4　菜单栏及工具栏图标的意义

Simulink Real-Time 浏览器支持右键操作,也可以直接单击菜单栏以及工具栏的图标来实现相应的操作。这一节主要介绍菜单栏及工具栏图标的意义。

Simulink Real-Time 浏览器菜单栏包括以下指令:

(1) 文　件

有关文件的操作,包括:

① Add Target——添加一个 Target PC 到 Simulink Real-Time 系统中。

② Remove Target——从 Simulink Real-Time 系统中删除一个 Target PC。

③ Change Host PC Current Directory——将文件目录更改到包含需要下载程序的目录中。

④ Close——关闭 Simulink Real-Time 。

(2) 目　标

有关 target PC 的操作,包括:

① Ping Target——检查 host PC 与 target PCs 之间是否有连接。

② Connect to Target—— 连接 Simulink Real-Time Explorer 到选中的 target PC。

③ Set As Default——让选中的 target PC 恢复默认值。

④ Import Environment——从 MATLAB 工作空间中导入一个现有的 target PC 配置。

⑤ Export Environment——保存当前的 target PC 环境及参数作为一个 MAT – file。

(3) 程　序

有关目标程序的操作,包括:

① Start Application——运行选中的目标程序。

② Stop Application——停止选中的目标程序。

③ Add a scope——添加一个示波器观察 Host,Target 或者 File。

④ Delete scope——删除一个示波器。

⑤ View host scopes——显示 host PC,type host 示波器观察内容。

(4) 工　具

有关工具操作,包括:

① Enable/Disable Refresh——打开/关闭窗口刷新。

② Go to Simulink Model——显示选中的 Simulink 模块。

(5) 帮　助

有关产品帮助信息,包括:

① Using Simulink Real-Time——获得有关 Simulink Real-Time 产品的帮助。

② Simulink Real-Time Explorer Help——获得有关 Simulink Real-Time 管理器的帮助。

③ About Simulink Real-Time——用于获得有关 Simulink Real-Time 信息的帮助。

Simulink Real-Time 管理器包含如图 A – 25 所示的快捷键。

功能	快捷键
添加目标	Ctrl+A
移动目标	Ctrl+R
关闭	Ctrl+W
终止/启动目标	Ctrl+T
Ping目标	Ctrl+P
删除示波器	选择示波器,然后单击Delete按钮

图 A - 25　Simulink Real-Time 管理器

附录 B　Simulink Real-Time 下的虚拟仪器设计

B.1　Simulink Real-Time 虚拟仪表简介

为了增强硬件在回路仿真的交互性,Simulink Real-Time 在 MATLAB2015a 及后续版本中增加了虚拟仪表功能,使得硬件在回路仿真过程中的仿真信号可被实时监视、跟踪以及仿真参数可实时更改,因此实时仿真效率和效果都得到了进一步改善。

借助于 Simulink Real-Time 虚拟仪表功能,学生可将实时仿真的 Simulink 模型与虚拟仪表相结合,设计并运行虚拟仪表面板。实时仿真过程中,虚拟仪表面板可与 Simulink 实时仿真模型进行交互,并以虚拟仪表形式实时展现相关参数和信号。

因此,Simulink Real-Time 不仅具有传统的 xPC 所具备的硬件在回路实时仿真的能力,而且还具有类似于 LabVIEW 和 RT-LAB 的交互式虚拟仪表功能。另外,结合 MATLAB 强大的计算能力、Simulink 的模块化仿真能力和 Simulink 丰富的硬件接口,Simulink Real-Time 在工业领域已具有丰富的应用场景。

然而,据作者所知,目前还没有基于 Simulink Real-Time 的航空航天工程领域的交互式虚拟仪表进行的硬件在回路半实物仿真。本教程将以伺服电机 PID 控制器设计和电视制导弹目交战半实物仿真为案例,详细介绍 Simulink Real-Time 虚拟仪表的创建及其应用。

本章节的内容主要包括:

① 虚拟仪表面板的创建步骤;

② 虚拟仪表的选择与设置,包括信号面板的选择、参数面板的选择、仪表刻度盘与外观的设置等;

③ 仿真参数与信号机虚拟仪表建立对应关系的方法;

④ 仿真参数的实时调整方法;

⑤ 虚拟仪表与 Simulink Real-Time Explorer 组合使用的方法。

B. 2　虚拟仪表面板的创建

（1）搭建伺服电机 PID 控制器 Simulink 模型

首先搭建如图 B-1 所示的基于 Simulink 的 PID 控制器模型（此案例可在封面二维码中下载，名称为"PID_Motor. slx"）。该 PID 控制器以期望转动角速度 V_c(deg/s) 为输入指令，目标机界面实时显示电机当前转动角速度及其响应误差。

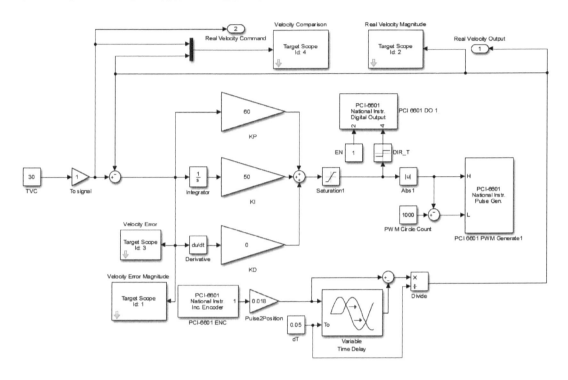

图 B-1　伺服电机 PID 控制器 Simulink 模型

在未知系统传递函数的情况下，设计性能优良的 PID 控制器需要多次调整控制器参数。然而，经典的硬件在回路仿真时，每次调整参数后须重新运行仿真模型，效率较低；辅以虚拟仪表功能后，学生可在仿真过程中随时调整控制器参数，并可实时查看输出响应，可提高控制器设计效率、增强半实物仿真的交互性。

（2）创建 PID 控制器设计虚拟仪表面板

在 MATLAB 命令窗口中输入"slrtexplr"，打开 Simulink Real-Time Explorer，单击 File→New→Instrument Panel，创建虚拟仪表面板，如图 B-2 所示。

创建完成后，可将面板命名为"Motor_PID_Controller_Design. slrtip"。下面介绍虚拟仪表的选择及如何将仪表面板与 Simulink 建立联系。

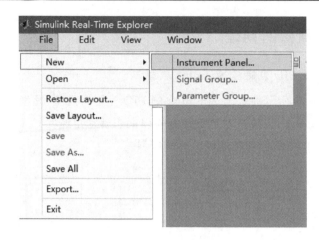

图 B-2 创建虚拟仪表面板

B.3 虚拟仪表的选择与装订

为了将虚拟仪表和实时仿真程序建立交互联系,需要将信号或者参数装订在虚拟仪器上。可从信号或参数查看器中拖拽信号或者参数并绑定在相应的虚拟仪表上,如图 B-3 所示。

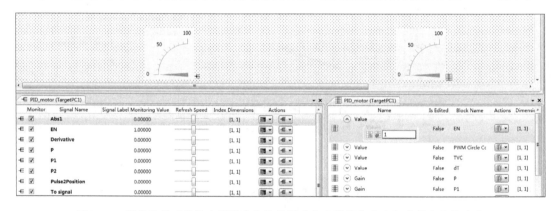

图 B-3 可从信号或参数查看器中拖拽信号或者参数并绑定在相应的虚拟仪表上

需要注意的是,要将信号(Signal)装订在展示仪表(Display Instrument)上而不是调参仪表(Tuning Instrument)。而参数(Parameter)则可装订在调参仪表(Tuning Instrument)和展示仪表(Display Instrument)上。

当把信号装订在展示仪表上时,仪表附近会显示代表信号的符号;当把参数装订在调参仪表或展示仪表上时,仪表附近会显示代表参数的符号。

当仪表盘运行时,可通过调参仪表对仿真参数进行实时调整。可以通过展示仪表查看参数变化。当仪表盘未运行时,可随时添加、移除、布置仪表盘并将其与信号或参数相连。

B.4 展示仪表与调参仪表

表 B-1 所列详细介绍展示了仪表的种类及其应用场景;表 B-2 所列详细介绍了调参仪表的种类及其应用场景。

表 B - 1　不同应用场景对应的展示仪表

应用场景举例	可用仪表类型	备　注
• 展示容器的压力 • 展示车辆的速度 • 展示电路中电流或电压的大小	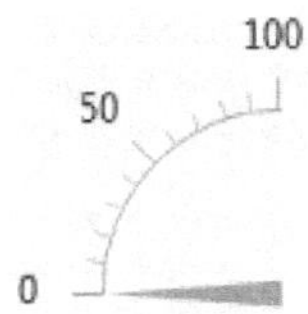 角度仪表	• 实值数据 • 以角度的形式近似展示数值
• 展示容器中的液体高度 • 展示管道中的压力	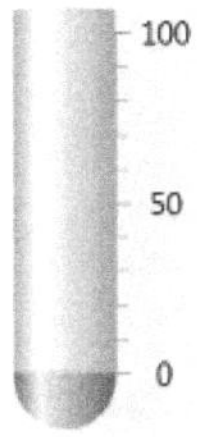 液位展示仪表	• 实值数据 • 以垂直位移的形式近似展示数值
• 展示容器压力 • 展示音频输出功率 • 展示电路中电流或电压的大小	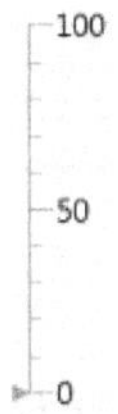 线性展示仪表	• 实值数据 • 以垂直位移的形式近似展示数值
• 显示数字总线的状态 • 显示状态机的状态	十六进制展示仪表	• 十六进制数据 • 以十六进制形式展示数据
• 显示开关的开关状态 • 显示双向引脚的开关状态	LED 仪表	• 布尔类型数据 • 以 LED 灯亮/灭的形式展示数据
• 显示给定精度下的温度量测值 • 显示给定精度下的电压量测值 • 显示日期和时间	 数值展示仪表	• 实值数据 • 以十进制形式或其他形式展示数据

表 B - 2　不同应用场景对应的调参仪表

应用场景举例	可用仪表类型	备　注
• 无线接收机的控制增益 • 无线发射器的控制幅度	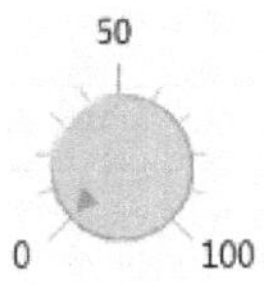 旋钮仪表	• 实值数据 • 以角度的形式近似展示数值
• 输入恒温器的初始设定值 • 伪随机数生成器输入种子值	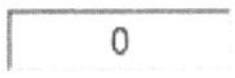 数值输入仪表	• 实值数据 • 设置精确的数值

应用场景举例	可用仪表类型	备　注
• 使用步进增量控制汽车收音机音量 • 以较少的点击次数来设置烟雾控制器的感应区间	 数值调整输入仪表	• 实值数据 • 需要设置初始值和步长
• 无线电接收机的控制频率 • 阀门的压力控制	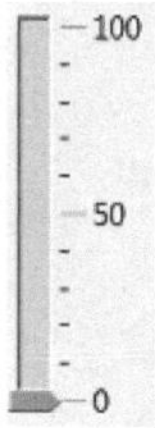 滑动器仪表	• 实值数据 • 用线性位移展示近似值
• 供电开关 • 阀门开关	 LED 开关选择仪表 https://www.mathworks.com/help/xpc/ref/ mw.instruments.switchled-properties.html	• 布尔型数据 • 打开或关闭控件

B.5　仪表的布局

为了使上述仪表之间的关系更加清晰,可以在仪表盘中添加布局元素,例如图片框。PID 控制器设计所使用的仪表盘是以图 B-4 所示的 Simulink 仿真模型截图作为背景,在相应位置添加合适的虚拟仪表,学生可快速修正 PID 控制器的增益及控制指令的输入,亦可随时查看控制器的输出响应,虚拟仪表的功能得到了很好地利用。

由图 B-4 可知,左侧的线性位移调参仪表可快速修改 PID 控制器的输入指令,此处为电机转速。借助于数字输入仪表,学生可快速输入 PID 控制器的三个增益参数(K_p, K_i, K_d),并随时通过数值展示仪表查看当前输出响应与控制指令间的绝对误差。当然,也可以通过右侧的液位展示仪表观察当前的电机响应速度。

此仪表交互性较好,学生通过该仪表可快速设计 PID 控制器,理解各控制增益对 PID 控制器控制效果的影响。

希望同学们在课上充分利用该仪表,也欢迎大家根据需求设计并绘出效果更好的仪表盘。

辅助虚拟仪器布局的控件如表 B-3 所列。

表 B-3　辅助虚拟仪器布局的控件

应用场景举例	可用仪表类型	备　注
• 将虚拟仪器分组并标记分组	 GroupBox 分组框	• 设计时可调整大小 • 运行时静态展示

应用场景举例	可用仪表类型	备　　注
• 对虚拟仪器进行标注	Label 标签	• 设计时可以调整大小,亦可调整文本的上下对齐和左右对齐 • 运行时静态展示
• 作为各个仪表组的背景,实现更加清晰的分组	面板背景	• 设计时可调整大小 • 运行时静态展示
• 在虚拟仪表的后面插入电路图 • 在虚拟仪表的后面插入 PID 控制器原理图	图片框	• 设计时图片可以拉伸、缩放、居中和自动调整大小; • 运行时静态展示

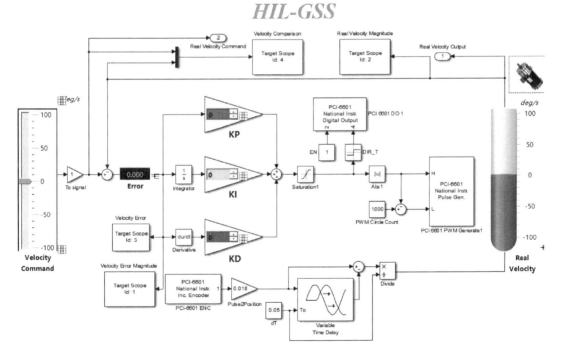

图 B - 4　仪表与图片框相结合的仪表设计

B.6　图表属性设置

巧妙地配置虚拟仪表的属性,展示信息将更加丰富,仪表盘也会更加易读、美观,可以获得更好的使用效果。

图 B-5 所示为默认配置下的虚拟仪表及其典型的属性更改后的效果。

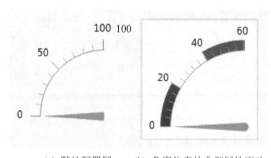

(a) 默认配置属   (b) 角度仪表的典型属性更改

图 B-5 虚拟仪表属性配置的典型事例

若要访问某个虚拟仪表的关键属性对话框,选择该仪表并单击其右上角的 Tasks 按钮,如图 B-6 所示。

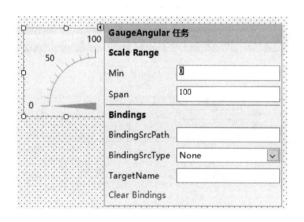

图 B-6 仪表的关键属性对话框

若要访问一个仪表的完整属性列表,请在仪表面板中选择该仪表。默认在仪表盘的右侧会出现其详细属性对话框,可选定特定属性组,进而修改特定属性,如图 B-7 所示。

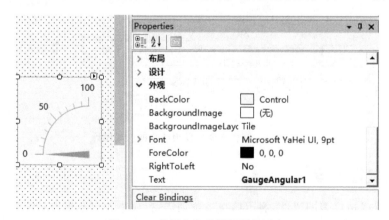

图 B-7 虚拟仪表的详细属性列表

对于每一个具体属性项，由于篇幅有限，此处不再介绍。大家可以尝试使用 MATLAB 的 Search 功能，如：在搜索栏 Search Documentation 中输入 GaugeAngular，MATLAB 将给出较详细的配置说明，如图 B-8 所示。

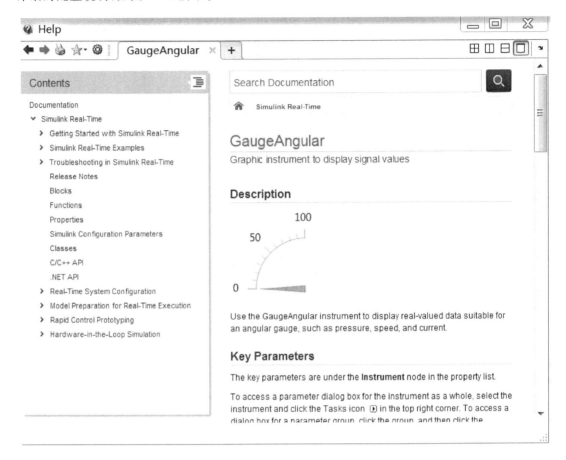

图 B-8　善于使用 MATLAB 的搜索功能

下面，将以电视制导硬件在回路仿真实验为需求，给出一个详细的仪表盘，大家可以参考此仪表盘进行自主的属性设置，设计出自己满意的更加实用的仪表盘。

该仪表盘左侧显示仿真是否开始，并可用开关按钮决定 PCI 板卡是否输出数字信号（决定控制箱是否工作在自动控制模式下）。滑动按钮可随时调整目标加速度，并在下方数值仪表中显示精确值。主仪表盘类似于汽车仪表，蓝色仪表用于显示目标速度、加速度；红色仪表用于显示导弹速度、加速度。下方的数值框显示速度和加速度的精确值，中间绿色的数值仪表用于显示弹目视线角及当前时刻弹目相对距离。中间的液位仪表用于表示导弹飞行剩余时间（time-to-go），随着时间流逝，绿色液位将逐渐降低，上方的数值仪表也将实时显示剩余飞行时间的精确值，如图 B-9 所示。

最后，希望大家积极发挥主观能动性，设计出又美观又实用的虚拟仪表表盘，充分利用新技术！

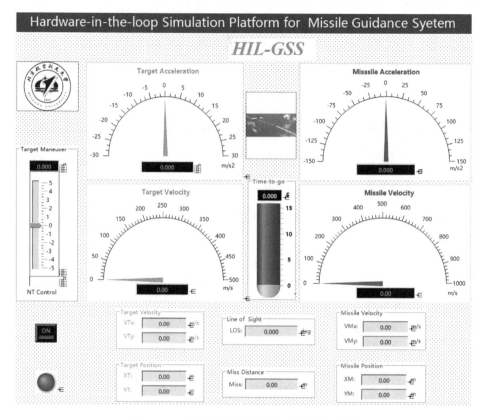

图 B-9　电视制导半实物仿真虚拟仪表示例

附录 C　导引动力学仿真教学实验平台的使用方法

C.1　导引动力学仿真教学实验平台的结构与工作原理

导引动力学仿真教学实验平台的实物图和系统框图如图 C-1 所示。

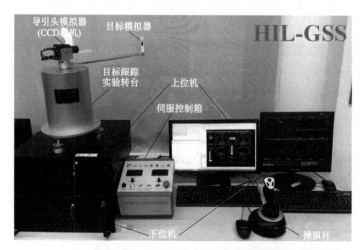

图 C-1　导引动力学仿真实验设备

　　由图 C - 1 可以看出,本平台主要由四部分组成:上位机、下位机、控制箱和转台,下面简述一下各部分的组成。

　　(1) 上位机

　　上位机是一台工控机,也可以用一台 PC 机代替,硬件上要求安装视频采集卡和操纵杆,主板上要求有一个 RS232 接口及网卡。软件上要求使用 Windows 操作系统,安装 VC6.0 和 MATLAB2015a,同时要配有本教研室开发的视频处理软件 design. exe。

　　Simulink Real-Time 是 MATLAB 的一个实时仿真模块。它支持实时仿真和测试,包括快速控制原型仿真(Rapid Control Prototyping, RCP)、DSP、视觉系统原形(Vision System Prototyping)仿真以及半实物(Hardware-in-the-loop, HIL)仿真。Simulink Real-Time 和目标机(下位机)硬件可专门用于设计桌面、实验室和外场环境的实时仿真系统。

　　研究人员可利用 Simulink 创建数学模型,然后利用 Simulink Real-Time 将动力学系统模型编译为高效的 C 语言代码,然后通过 TCP/IP 技术将其下载到目标机。同时,Simulink Real-Time 也可使上位机接收来自目标机的实时数据,用以计算系统所需的动态参数信息。

　　仿真过程中,上位机也是一台用于实时视频信号处理的视频工作站。导引头模拟器的模拟视频信号传给视频工作站后,通过视频采集卡转换为数字视频信号。目标中心与视场中心的偏差角(即导弹失调角 ε)可由自研的视频处理软件得到。上位机利用 RS232 通信协议将失调角传递到目标机,作为运行于目标机的导弹制导模型的输入。

　　操纵杆的信号通过 USB 传递到视频工作站。导弹发射前,操作手可利用操纵杆改变波门的位置以搜索和捕获目标。导弹发射后,操作手可利用显示终端监视弹目交战的整个过程。当目标丢失或更重要的目标出现时,操作手可用操纵杆重新锁定目标。这样便实现了“人在回路”的电视制导半实物仿真。

　　(2) 下位机

　　下位机也叫目标机,也是一台工控机,可以用一台 PC 机代替,考虑到仿真过程的稳定性和可靠性,建议选用工控机。硬件上要求主板含有一个 RS232 接口,注意,该 RS232 接口必须是集成在主板上的(不可使用建立在 Windows 下的、要求有驱动程序的、PCI 插槽式的 RS232 接口),这是因为下位机并不运行 Windows 操作系统。同时需要安装 PCI - 6601 数据采集卡。该 PCI - 6601 数据采集卡有四个定时器,实际应用中使用其中两个定时器(计数器)采集码盘信号以得到目标和导弹的位置信息,另外两个定时器用来产生 PWM 信号,控制导弹和目标的转动。

　　下位机是整套仿真系统的运行中心。装有 DOS 系统的 U 盘作为下位机的启动盘。上位机生成的实时内核文件存放于 U 盘中,用以启动下位机。下位机通过 Intel8254x 千兆网卡以 TCP/IP 方式将实时仿真数据传递给上位机。

　　(3) 控制箱

　　控制箱的主要作用是信号调理,一方面,要把下位机的控制信号转换为可以驱动电机的功率信号,控制信号是数字信号,电流一般只有 20 mA,无法驱动电机转动;另一方面,要对传感器的微弱信号进行滤波、放大、跟随处理,调整到数据采集卡允许的范围。控制箱的其他功能还包括状态显示、功能切换、急停等。

　　(4) 转　台

　　转台是整个实验的运动机械部分,可以分成传动轴系总成、导引头总成和目标总成三大部分,图 C-2 所示为制导转台的实物照片和装配图。

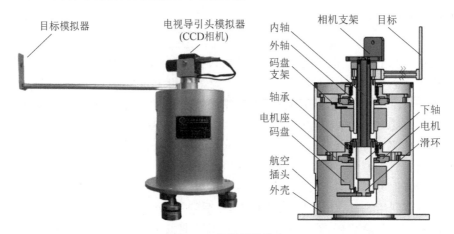

图 C-2　机械制导转台

传动轴系总成采用共轴设计来实现导引头和目标的同心旋转,通过驱动电机能独立地改变导引头和目标的角度。目标总成由 500 mm 的摆臂和模拟目标组成,摆臂为铝制圆管,减轻重量的同时保证结构强度。

导引头由 CCD 彩色摄像机构成。CCD 摄像机所采集的图像信息能通过导电环和视频线传送到上位机中,电源由控制箱提供。由于免去了 CCD 摄像机的电源线及其与上位机之间的视频传输电缆,真正实现了导引头与目标的 360°旋转。其实物图如图 C-3 所示。

图 C-3　导引头总成

下面介绍一下信号的传输过程,如图 C-4 所示。

在导引动力学仿真实验中,在上位机中编译导弹目标交战模型,通过 TCP/IP 协议下载到下位机中,下位机向 PCI-6601 数据采集卡发送控制指令,控制目标的驱动电机转动;导引头上的 CCD 彩色摄像机采集图像视频数据,通过导电环和视频线进入上位机处理,上位机通过图像识别、捕捉、计算像素点数量,得到目标模型相对于中心线的位置,并将目标的相对位置信息通过串口通信传递给下位机,下位机实时运行交战模型(之前从上位机下载来的),根据上位机提供的目标位置数据来驱动制导转台里控制导引头的驱动电机,使导引头按照一定的导引控制规律跟踪目标的运动。角传感器(码盘)将采集的信号送入控制箱电路和 PCI-6601 采集卡,

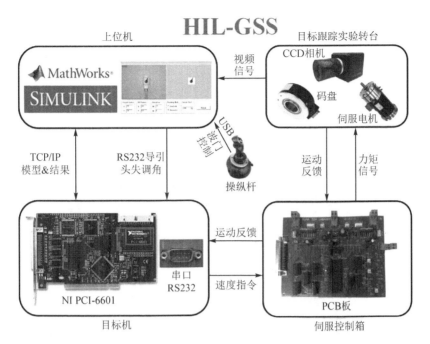

图 C - 4　导引动力学仿真教学实验平台系统

经下位机程序处理得到的导引头和目标的角位置和角速度信息,下位机将此信息作为反馈信号校正对导引头驱动电机的控制指令,提高控制精度。

本系统采用工控机作为运行主体,是为了保证半实物仿真实验运行的稳定性。在半实物仿真实验中,仿真系统的实时机制是前提。采用工业控制标准,可以保证系统不可预知的中断处理、优先级机制以及进程间通信机制等诸多问题。另外它还可以减少数据传输时间,改进系统实时性,使毫秒级半实物仿真成为可能。

C. 2　《目标跟踪实验转台控制箱》使用指南

(1) 整体布局

目标控制箱的整体布局如图 C - 5(a)、图 C - 5(b)所示。上面板从上到下依次为:电源及

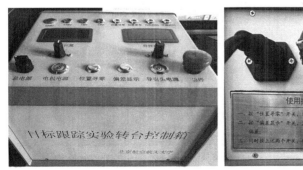

(a) 控制面板前面板、上面板

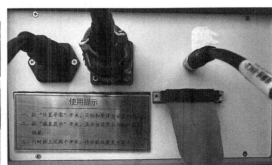

(b) 控制面板后面图

图 C - 5　控制箱面板

功能指示灯、导弹及目标位置 LED 显示屏、导弹及目标位置控制旋钮、电源及功能开关。后面板包括：220 V 交流电源插座、32 芯航空插座、BNC 视频插头、PIN68 针插头、控制箱使用提示牌。

（2）使用方法

① 启动：顺时针旋转总电源开关，接通控制箱总电源，此时＋220 V 及＋12 V 电源指示灯亮起，表示控制箱总电源工作正常，如图 C-6 所示。

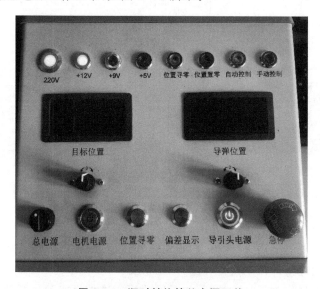

图 C-6　顺时针旋转总电源开关

② 初始化：按下"电机电源"开关，"＋9 V"及"＋5 V"电源指示灯亮起，"手动控制"功能的指示灯亮，同时"电机电源"开关发出绿色灯光，LED 显示屏出现虚线，初始化过程开始，如图 C-7 所示。

图 C-7　按下"电机电源"开关

③ 导引头供电:按下"导引头电源"开关,导引头上的红色电源指示灯亮起,同时"导引头电源"开关发出蓝色灯光,导引头进入工作状态,如图 C-8 所示。

(a) 控制面板显示

(b) 导引头及目标实物

图 C-8　按下"导引头电源"开关

④ 检测零点:控制箱内的单片机上电后,由于未检测到码盘的零点信号,因而并不知道导弹及目标当前的位置信息,LED 屏幕显示为"虚线",故此时需要先让导弹和目标旋转一定角度直到可以计算出导弹和目标的当前位置。首先,可以顺时针或逆时针旋转"目标位置"控制旋钮,直至显示屏出现数字,如图 C-9(a)所示;然后旋转"导弹位置"控制旋钮,直至显示屏出现数字,如图 C-9(b)所示。

(a) 目标位置控制旋钮

(b) 导弹位置控制旋钮

图 C-9　检测零点

注意:旋钮旋转角度越大,导弹或目标的旋转速度越大,注意保护自己的安全。

⑤ 位置寻零:按下"位置寻零"按钮,导弹和目标将自动按最短路径寻找并运动到所设置的参考零点,运动过程中"位置寻零"指示灯会亮起,LED 显示屏会实时显示当前导弹和目标的位置信息,如图 C-10(a)所示;寻零结束后,LED 显示屏显示为零,如图 C-10(b)所示。

⑥ 偏差显示:由于码盘在安装时不能保证两个码盘的零点位置统一,因此实际中为了便

(a) 位置寻零按钮

(b) 寻零后面板显示

图 C - 10 位置寻零

于使用,规定了一个参考零点使导弹和目标的零点在同一位置,因此导弹和目标的绝对零点与参考零点就存在一个位置偏差。按下"偏差显示"按钮,显示当前导弹和目标的零点偏差,若数值为负,则表示从当前零点开始向右旋转相应数值后就是绝对零点,反之亦然,如图 C - 11所示。

图 C - 11 偏差显示

⑦ 位置置零:同时按下"位置置零"和"偏差显示"按钮,将导弹和目标的当前位置置为零点,同时显示屏显示的数值为零且会同时更新偏差显示的数值,如图 C - 12 所示。

⑧ 工作模式:当通过旋转旋钮控制导弹和目标的运动时,该工作模式定义为"手动控制"模式,此时手动控制模式指示灯会亮起,如图 C - 13(a)所示;当通过下位机控制导弹和目标的运动时,该工作模式定义为"自动控制"模式,此时自动控制模式指示灯会亮起,如图 C - 13(b)所示。

图 C‐12 位置置零

(a) 手动控制模式

(b) 自动控制模式

图 C‐13 工作模式显示

C.3 Simulink Real-Time 与硬件的接口定义

（1）PWM 调速与码盘测速原理

本实验平台中转台的转动控制采用 PWM 调速，这里有必要介绍一下 PWM 调速的原理。

脉冲宽度调制（Pulse Width Modulation，PWM）是指将输出信号的基本周期固定，通过调整基本周期内工作时间的大小来控制输出功率。原理就是开关管在一个周期 T 内的导通时间为 t，则电机两端的平均电压 $U = V_{cc} \times t/T = V_{cc} \times a$。其中，$a = t/T$（占空比），$V_{cc}$ 是电源电压。电机的转速与电机两端的电压成比例，而电机两端的电压与控制波形的占空比成正比，因此电机的速度与占空比成比例，占空比越大，电机转得越快。由于 PWM 的频率很高（一般为几百到几万赫兹），而电机本身充当了低通滤波环节，所以电机的转动很平稳，不会因为电源的高速导通和关闭产生抖动。

PWM 控制的基本原理很早就已经提出，但是受电力电子器件发展水平的制约，在 20 世纪 80 年代以前一直未能实现。直到进入 20 世纪 80 年代，随着全控型电力电子器件的出现和迅速发展，PWM 控制技术才真正得到应用。随着电力电子技术、微电子技术和自动控制技术的发展以及各种新的理论方法（如现代控制理论、非线性系统控制思想的应用），PWM 控制技术获得了空前的发展。到目前为止,已出现了多种 PWM 控制技术,根据 PWM 控制技术的特点,主要有相电压控制 PWM 、线电压控制 PWM 、电流控制 PWM、矢量控制 PWM 等 8 类方法,感兴趣的读者可自行学习。

电机轴的测速是用码盘来完成的。码盘也叫光电编码器,其工作原理如图 C-14 所示。在透明的刻度盘上均匀分布一定数量的刻线,刻线是不透明的。当电机轴旋转时,带动刻度盘旋转,光敏传感器可以接收到"0""1"变化的逻辑信号,统计变化次数,可以计算得到电机转过的角度和转速。

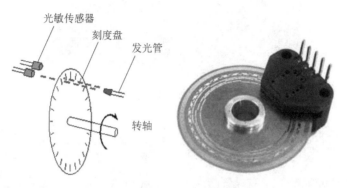

图 C-14　码盘原理图

常用的码盘是增量式码盘,它有三组刻线,分别是称为 A 通道、B 通道和 Index 通道,如图 C-15 所示。一般通过计算 A 通道的脉冲数(或者上升沿的个数)来计算角度,通过判断 A 通道和 B 通道的相位差来确定旋转的方向,Index 通道只有一条刻线,用于确定零位。如果同时累计 A 通道的上升沿和下降沿,可以将测角精度提高一倍,同时累计 A,B 两个通道的上升沿和下降沿,可以将测角精度再提高一倍。

(2) PCI-6601 简介

导引动力学仿真实验中,采用 PCI-6601、控制箱和 Simulink Real-Time 共同合作来实现导引头和目标的伺服电机控制。相对于上一版本的平台,这里引入了控制精度更加理想的 National Instruments 公司的 PCI-6601 板卡,安装在目标机的 PCI 接口上,如图 C-16 所示。

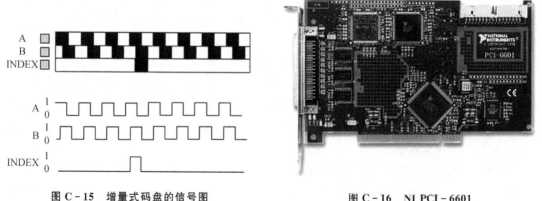

图 C-15　增量式码盘的信号图　　　　　图 C-16　NI PCI-6601

NI PCI-6601 是用于 PCI 计算机的定时和数字的 I/O 板卡。该产品拥有 4 个 32 位计数器/定时器和 32 条与 TTL/CMOS 兼容的数字 I/O 线。您可运用 NI PCI - 6601 来执行广泛的计数器/定时器的测量任务,包括编码器定位测量、事件计数、周期测量、脉冲宽度测量、脉冲生成、脉冲序列生成以及频率测量。

本实验中,4 个 32 位计数器/定时器中的 2 个使用其计时功能,产生 PWM 信号;另外 2个使用其计数功能,记录码盘的转动信息并经相应处理得到导弹和目标的转动位置、速度、加速度等信息。另外,我们使用了 PCI - 6601 的 3 个 I/O 接口,分别作为自动控制使能端、导弹转动方向控制端和目标转动方向控制端。

（3）Simulink Real-Time 中 PCI - 6601 相关模块的使用方法

在导引动力学仿真教学实验中,需要用到 Digital Output 模块的 3 个 Channel 作为自动控制的使能端、导弹转动方向控制端和目标转动方向控制端;需要用到 2 个 PWM Generate 作为驱动导弹和目标的伺服电机的信号源;还需要用到 2 个 Encorder 来记录码盘输出的脉冲信号以得到导弹和目标的状态参数,如位置、速度、加速度等。

首先,在模型中添加 Digital Output 模块。打开 Simulink,在窗口左侧选中 Simulink Real-Time 单击 Simulink Real-Time 菜单下的 Digital Output,在右侧选中"PCI - 6601 DO"模块,将其放入新模型中,如图 C - 17 所示。

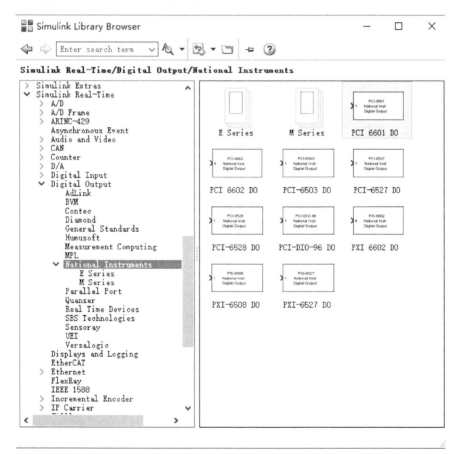

图 C - 17　Simulink Real-Time 中 PCI - 6601 相关模块

双击"PCI－6601 DO"模块,在"Channel"一栏填入"[1 2 4]"即使用 PCI－6601 板卡的 1 号、2 号和 4 号 3 个数字信号(TTL 电平)输出通道。其实也可以任意选择某个通道,这里选择 1,2,4 主要是考虑到控制箱电路板焊接方便、避免板卡的某些引脚由于具有复用功能而产生占用现象等因素。

其中:

2 号通道为自动控制使能端,若该使能端有效则控制箱将工作在自动控制模式下,导弹和目标只接收来自目标机的信号,控制导弹和目标的两个旋钮失去作用。因此建模时 2 号通道的输入信号应为一个大于零的数,这里取 1;

1 号通道为导弹转动方向的控制端,若输入信号为正数,则导弹将逆时针转动;若输入信号为零或负数,则导弹将顺时针转动;

4 号通道为目标转动方向的控制端,若输入信号为正数,则目标将逆时针转动;若输入信号为零或负数,则目标将顺时针转动。

搭建的模型及设置窗口如图 C－18 所示,实际实验过程中可将 1,4 通道的输入端连接到相应信号源中即可。

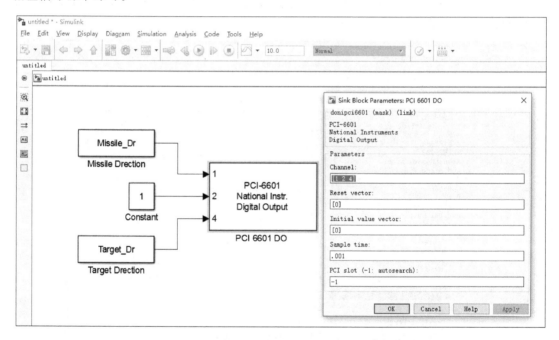

图 C－18　"PCI－6601 DO"模块设置

接下来在模型中添加 PWM 发生器"PCI－6601 PWM Generate"模块,如图 C－19 所示。

这里导弹使用的通道 4 即 4 号计数器/定时器,目标使用的通道 3 即 3 号计数器/定时器,设置时在设置菜单的 Channel 下拉菜单中选择即可,如图 C－20 所示。

"PCI－6601 PWM Generate"模块有"H"和"L"两个输入端,分别代表 PWM 波在一个周期内的高电平和低电平的相应的持续时间内计数器所计的数,记得数越多,持续时间越长。

已知 PCI－6601 记一个数所需时间为 5 ns,那么若在"H"处输入 500,则在 PWM 的一个周期内高电平的持续时间为 500×5 ns$=2.5$ μs,在"L"处输入 300,则在 PWM 的一个周期内低电平的持续时间为 300×5 ns$=1.5$ μs,这样 PWM 波的周期为 $(2.5+1.5)\mu$s$=4$ μs,频率为

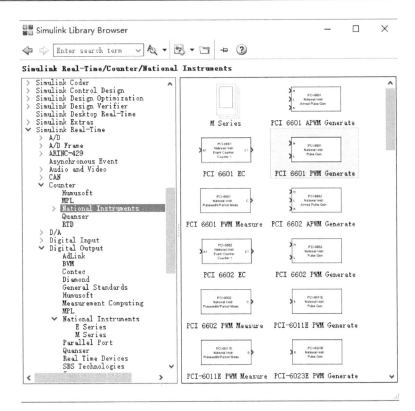

图 C - 19　"PCI - 6601 PWM Generate"模块

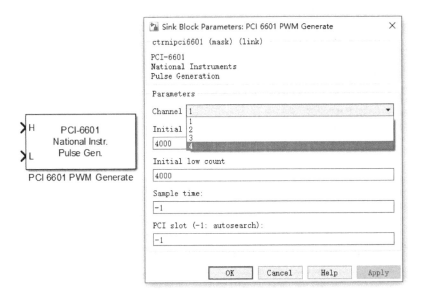

图 C - 20　"PCI - 6601 PWM Generate"模块设置

250 kHz。

　　由实验可知,为保证正确地实现闭环控制,应保证 PWM 的频率固定,因此高电平和低电平所计数的和保持不变,如图 C - 21 所示。

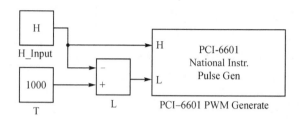

图 C‑21　PWM 输入设计

结合图 C‑18 可知，要控制一个电机的转动方向和速度大小，需要两个数，一个是逻辑 0 或者 1，用于控制转动方向，另一个是 0～1 000 的整数，用于控制速度大小，这样使用是很不方便的。可以通过一定的运算，利用一个 -1～1 之间的浮点数 u，同时控制电机的转动方向和速度大小，即 u 的符号决定转动方向，u 的绝对值放大 1 000 倍后转为整数，决定速度大小，请读者自行编程。

然后要在模型中加入"PCI‑6601 ENC"模块，如图 C‑22 所示。

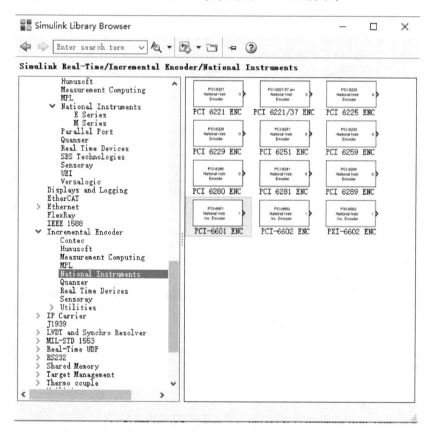

图 C‑22　"PCI‑6601 ENC"模块

这里导弹使用的通道 2 即 2 号计数器/定时器，目标使用的通道 1 即 1 号计数器/定时器，在菜单的 Channel 下拉菜单中进行选择设置，如图 C‑23 所示。

"PCI‑6601 ENC"模块输出的是码盘输出脉冲的个数，本实验所使用是的 5 000 线的码盘，即码盘每输出一个脉冲，代表电机转过了 0.072°。若输出为正值，表示电机在逆时针转

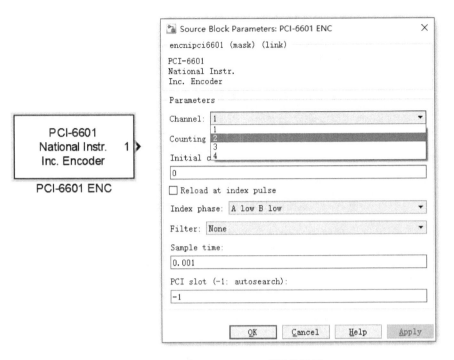

图 C - 23　"PCI - 6601 ENC"模块设置

动;输出为负值,表示电机在顺时针转动。电机的速度可以由角度计算,请读者自行设计算法。若勾选"Reloadat index pulse",则当电机旋转到码盘的绝对零点时,码盘重新从零开始计数。

综上,本实验转台的 PCI - 6601 接口定义如表 C - 4 所列。

表 C - 4　PCI - 6601 接口定义

模　块	端口号	功　　能	
PCI - 6601 DO	2	自动控制使能;0 表示手动控制;1 表示电脑控制	
	1	导引头转动方向的控制端;0 表示顺时针转;1 表示逆时针转	
	4	目标转动方向的控制端;0 表示顺时针转;1 表示逆时针转	
PCI - 6601 PWM Generate	4	导引头电机电压 PWM	PWM Generte 模块有 H 和 L 两个输入,分别代表 PWM 波一个周期内的高电平和低电平持续时间内的计数器所计的数,一个数的时长为 5 ns。
	3	目标电机电压 PWM	
PCI - 6601 ENC	2	导引头码盘反馈信号	码盘的线数为 5 000,每输出一个脉冲,代表转过了 0.072°。
	1	目标码盘反馈信号	

附录 D　电视制导硬件在回路仿真流程

D.1　电视制导原理

导弹是现代战争交战双方的首选武器,它的突出特点是打得准,其主要原因是安装了制导系统。根据探测信号的不同,制导系统可以分为雷达制导系统、红外制导系统、电视制导系统等。其中,电视制导系统具有制导精度高、隐蔽性好、不受电磁干扰等优点,在导弹制导领域占有重要的一席之地。典型的电视制导导弹包括美国的 AGM65 幼畜和俄罗斯的 KH29,它们都是空地导弹,如图 D-1 所示。

图 D-1　美国的 AGM65 幼畜和俄罗斯的 KH29 导弹

电视制导是利用目标反射的自然可见光信息,对目标进行捕获、定位、追踪和导引的制导方式,它利用电视摄像机作为制导系统的敏感元件(导引头),获得目标图像信息,形成控制信号,控制和导引导弹或炸弹飞向目标。电视摄像机安装在导弹头部导引舱内的云台上,云台可以带动电视摄像机转动,实现摄像机对目标的搜索、锁定和追踪,如图 D-2 所示。

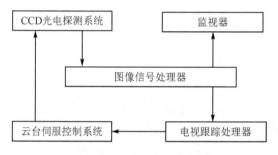

图 D-2　电视导引头的原理

按工作方式的不同,电视制导可分为电视遥控制导和电视寻的制导。图 D-3 所示为电视遥控制导的两种形式。图 D-3(a)中,摄像机安装在导弹上,射手在战机上。导弹将摄像机采集到的视频信号传给战机,显示在战机的屏幕上。射手根据视频信息判断目标的位置,遥控导弹向目标飞去。在导弹的整个攻击过程中,射手起到了目标识别和跟踪的作用,是制导回路中的一个必备环节,因此称为人在回路电视制导。而在图 D-3 所示为(b)中,摄像机安装在无人机上,射手远在战场之外。无人机将摄像机的视频信息传到指挥中心的屏幕上,射手通过视频信息寻找目标,一旦发现目标,射手会遥控无人机用激光照射目标,然后从无人机上发射激光制导导弹,导弹上安装的激光感受器根据目标反射的激光信号,控制导弹向目标飞去。

在导弹的攻击过程中,电视遥控制导需要射手的全程参与,而电视寻的制导则可以"发射后不管",如图 D-4 所示。导弹上除了安装摄像机,还配备了图像处理器。导弹发射前由射手锁定目标,发射后弹载图像处理器运行图像处理算法,自动跟踪目标。

由于摄像机的视频信号数据量太大,远远大于红外和雷达导引头产生的数据量,因此对目标信号的获取和处理都耗费较多时间,导致电视制导无法用于空空格斗弹。前文所提的美国的 AGM65 幼畜和俄罗斯的 KH29 导弹,都是空地导弹,用于打击地面固定工事或者低速运动目标。

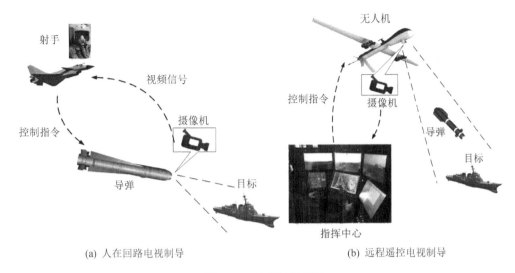

(a) 人在回路电视制导　　　　　　　　　(b) 远程遥控电视制导

图 D - 3　电视遥控制导

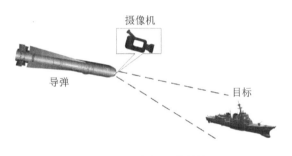

图 D - 4　电视寻的制导

D. 2　交战仿真的数学模型

1. 典型导引律

当导弹攻击活动目标时,需要不断测量出导弹和目标之间的相对关系,并根据这些关系及时调整导弹的运动,最终将其引领到目标附近,有效地摧毁目标。这里导弹跟踪要遵循的相对运动学关系,就称为导引律。所以导引律是导弹追踪目的整个过程中要满足运动学关系。为简化工作量,一般都做出一些假设:

① 控制系统的工作是理想的。

② 导弹的速度是已知的时间函数,不受导引律的影响。

③ 把导弹和目标的运动都看成是可控制的质点运动。目标的运动规律是已知的,而导弹的运动则要服从于某些理想的约束关系。

导弹上常用的导引律有许多种,常见的有追踪法、平行接近法、比例导引法等。具体选择是依据目标的飞行特征和制导系统的组成而定。其中追踪法是指导弹追踪目标的过程中,速度向量始终指向目标,也就是说导弹的前置角 η 永远等于零。于是追踪法的导弹纵向运动方程组为

$$\begin{cases} \dot{R} = -V + V_T \cos \eta_T \\ R\dot{q} = -V_T \sin \eta_T \\ q = \eta_T + \theta_T \end{cases}$$

式中，R 为导弹相对目标的距离向量；q 为目标视线角；η 为导弹前置角；η_T 为目标前置角；θ 为导弹弹道角；θ_T 为目标弹道角。这是最简单和常见的一种方法。它的特点是原理简单、实施容易，但是当目标做大机动时，导弹需要的转动加速度通常比较大，可能会丢失目标。

平行接近法是指导弹追踪目标的过程中，目标视线在空间保持平行，即 $\dot{q} = 0$ 或者说 q 保持为一常数。其导弹纵向运动方程组为

$$\begin{cases} \dot{R} = -V \cos \eta + V_T \cos \eta_T \\ V \sin \eta = V_T \sin \eta_T \\ q = \eta + \theta \\ q = \eta_T + \theta_T \\ q = q_0 = const \end{cases}$$

这种方法有效地改善了追踪法弹道弯曲过大的缺点，但是具体实现上有一定难度，因而并不多见。

比例导引法是指导弹在接近目标的过程中，速度向量的转动角速度与目标视线的转动角速度成正比。如果导弹和目标同时在一个铅垂平面内运动，那么比例导引法可描述为：$\dot{\theta} = K\dot{q}$。所以比例导引法的导弹纵向运动方程组为

$$\begin{cases} \dot{R} = -V \cos \eta + V_T \cos \eta_T \\ R\dot{q} = V \sin \eta - V_T \sin \eta_T \\ q = \eta + \theta \\ q = \eta_T + \theta_T \\ \dot{\theta} = K\dot{q} \end{cases}$$

式中，K 又叫作比例系数。可以发现，当比例系数为 1 时，实质上就是追踪法导引律；当它取无限大时，即为平行接近法。由此可见，比例导引法的弹道特性在追踪法和平行接近法之间。研究证明，比例系数一般取在 3～6，此时的弹道特性比较良好。

因为比例导引法弹道比较平直，技术上也容易实现，所以在目前自动寻的导弹上得到广泛的使用。由于本仿真系统可以方便地测量出导弹、目标的角度和速度信息，因此也适合采用比例导引法。为了便于对比，大家可以选择其他导引律。另外，具体的比例系数，也可以多做几组，以比较不同的比例系数对制导性能的影响。除此以外，还有三点法、矫直系数法等导引律。

2. 交战模型

典型的弹目交战模型[69]如图 D-5 所示。这里，导弹采用比例导引律。理论上，比例导引给出的指令加速度矢量垂直于导弹速度，大小正比于视线转动角速率和相对速度。数学上，比例导引律可表述为

$$n_c = N'V_c\dot{\lambda} \tag{D-1}$$

式中，n_c 为指令加速度（m/s²）；N' 为有效导航比（通常取 3～5）；V_c 为弹目相对速度（m/s）；$\dot{\lambda}$

为弹目视线角速率(rad/s)。

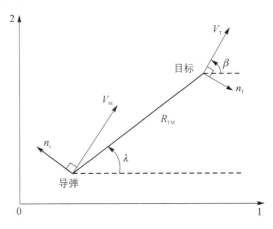

图 D‑5　弹目交战模型

本任务中,目标可执行大小为 n_T 的加速度进行机动。此处,目标加速大小设定为

$$n_T = -1g \tag{D‑2}$$

其中,$g = 9.8 \text{ m/s}^2$。

由于目标机动 n_T 垂直于目标速度矢量,因此目标速度转动角速率 $\dot{\beta}$ 可表达为

$$\dot{\beta} = n_T / V_T \tag{D‑3}$$

式中,V_T 为目标速度的大小。

基于图 D‑5,可给出如下二维弹目交战模型的所需的微分方程[69]为

$$
\begin{cases}
V_{T1} = V_T \cos\beta, \dot{R}_{T1} = V_{T1}, \dot{R}_{M1} = V_{M1}, \dot{V}_{M1} = a_{M1} \\
V_{T2} = V_T \sin\beta, \dot{R}_{T2} = V_{T2}, \dot{R}_{M2} = V_{M2}, \dot{V}_{M2} = a_{M2} \\
R_{TM1} = R_{T1} - R_{M1}, V_{TM1} = V_{T1} - V_{M1} \\
R_{TM2} = R_{T2} - R_{M2}, V_{TM2} = V_{T2} - V_{M2} \\
\lambda = \arctan(R_{TM2}/R_{TM1}) \\
\dot{\lambda} = (R_{TM1} V_{TM2} - R_{TM2} V_{TM1})/R_{TM}^2 \\
R_{TM} = (R_{TM1}^2 + R_{TM2}^2)1/2 \\
V_c = -\dot{R}_{TM} = -(R_{TM1} V_{TM1} + R_{TM2} V_{TM2})/R_{TM} \\
a_{M1} = -n_c \sin\lambda, a_{M2} = n_c \cos\lambda
\end{cases}
\tag{D‑4}
$$

式中,1 和 2 分别代表 x 轴和 y 轴;β 为目标弹道倾角;V_M 为导弹速度;a_M 为惯性系下的导弹加速度;R_{TM} 为弹目相对距离。

仿真初始条件如下:

导弹速度 $V_M = 700 \text{ m/s}$,初始射向 $\lambda_0 = 30°$,初始坐标 $(x_{M0}, y_{M0}) = (0 \text{ m}, 0 \text{ m})$;

目标速度 $V_T = 300 \text{ m/s}$,初始射向 $\beta_0 = 30°$,初始坐标 $(x_{T0}, y_{T0}) = (4\ 000 \text{ m}, 2\ 000 \text{ m})$。

此处,有效导引比 N' 为 4。

D.3 硬件在回路仿真模型搭建

首先,如图 D - 6 所示,基于上述微分方程用 Simulink 建立弹目交战仿真模型。其中, "Engagement model"子系统是基于上一部分的微分方程而建立的。"LOS"子系统包含"Target_Motor""Seeker_Motor""TV Seeker"3 个子系统。下面将详细介绍这 3 个子系统。

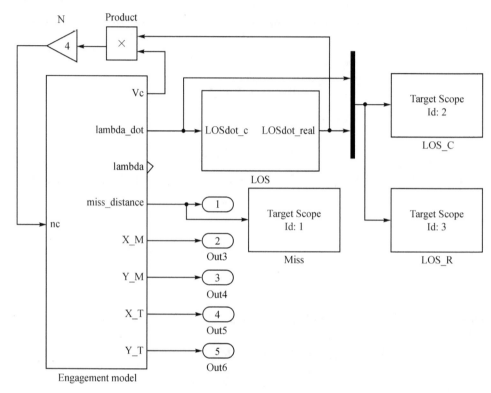

图 D - 6 Simulink 建立的仿真模型

"Engagement model"子系统输出由式(D - 4)计算出的视线角速率 $\dot{\lambda}$,作为如图 D - 7 所示的"LOS"子系统的输入,用于驱动目标模拟器以一定的角速率转动。同时,转台的另一个电机用于驱动导引头模拟器使来自于"TV Seeker"子系统的指令角速率"Iambdadot_c"转动。因此,电机的控制输入就是他们的指令角速度。

本任务中,电机的转动角速度由 PID 控制器来控制,表达式如下:

$$u(t) = K_p e(t) + K_i \int_0^t e(t)\mathrm{d}t + K_d \frac{\mathrm{d}e(t)}{\mathrm{d}t} \tag{D - 5}$$

式中,$e(t)$ 为角速率响应误差;$r(t)$ 为角速度指令;$y(t)$ 为角速度响应,满足如下关系:

$$e(t) = r(t) - y(t) \tag{D - 6}$$

两个电机 PID 控制器的三个增益设置分别如下:

$$\boldsymbol{K}_p = \begin{bmatrix} 60.00 & 0 \\ 0 & 9.00 \end{bmatrix}, \quad \boldsymbol{K}_i = \begin{bmatrix} 50.00 & 0 \\ 0 & 12.00 \end{bmatrix}, \quad \boldsymbol{K}_d = \begin{bmatrix} 0.01 & 0 \\ 0 & 0.05 \end{bmatrix} \tag{D - 7}$$

图 D - 8 所示为"Target_Motor"子系统,包括 PID 控制器模块、PCI - 6601 板卡 PWM 生成模块、转速量测模块以及转动方向控制模块。需要说明的是,PCI - 6601 的工作频率为

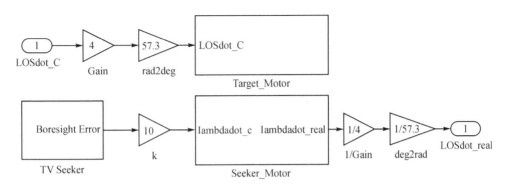

图 D - 7　LOS 子系统

20 MHz。这里 PCI - 6601 计数器/定时器的计数总数为 1 000,即 PWM 周期为 50 μs,频率为 20 kHz。

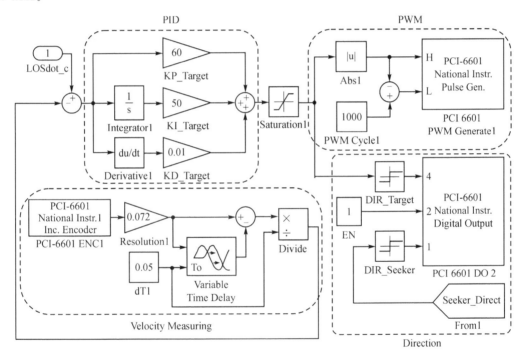

图 D - 8　Target_Motor 子系统

　　关于角速度量测模块,转台码盘为 5 000 线,即正常模式下码盘向 PCI - 6601 板卡每输出一个脉冲,则电机转动了 0.072°。此处,速度量测模块采样周期为 0.05 s。因此,电机转动角速度量测表达式为

$$\omega = \frac{0.072N}{T}\deg/s \qquad (D-8)$$

式中,ω 为电机瞬时转动角速度;N 为 PCI - 6601 ENC 模块记录得到的脉冲个数,该脉冲个数为一个符号整数,正负号代表电机转动的方向。

　　图 D - 9 所示的导引头电机控制子系统输出的"lambdadot_real"即 $\dot{\lambda}$,用于式(D - 1)中计

算导弹指令加速度。速度输出之前,放置了一个低通滤波器,用于平滑不连续的码盘脉冲输出。

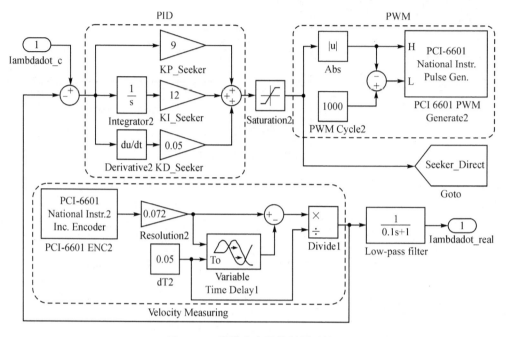

图 D - 9 导引头电机控制子系统

电机在 PID 控制器的作用下,响应误差逐渐收敛到零(见图 D - 10)。尽管导引头电机由于转台的摩擦力而有较大波动,但后续结果表明,这种波动的影响较小。

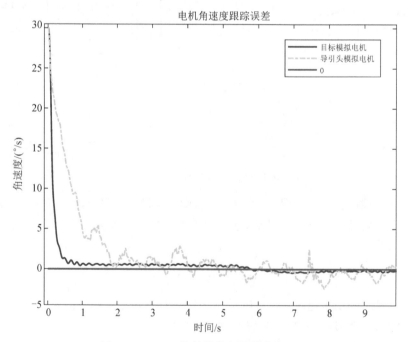

图 D - 10 PID 控制器的角速度响应误差

仿真模型设置合适的参数后,就会被编译和下载到下位机(也就是目标机)。编译和下载成功后,操作可通过摇杆控制导引头转动的方向以寻找目标。发现目标后,操作手将按下遥杆锁定键,波门锁定目标。此时,导弹就可以发射了。导引头目标跟踪软件界面如图 D-11 所示。

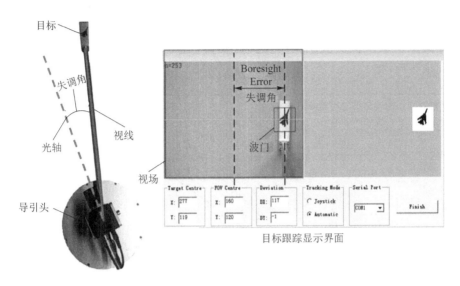

图 D-11　导引头图像处理界面及其与导引头框架的对应关系

经过一系列图像处理后,获得导引头失调角即目标中心与导引头视场中心的像素偏差值,并通过 RS232 传递给下位机(见图 D-12)。像素偏差值经过如图 D-13 所示的 Simulink 模型读取后,得出导引头失调角 ε。

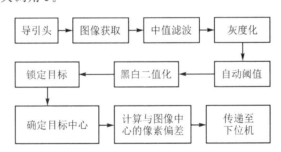

图 D-12　导引头图像处理过程

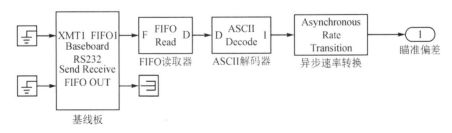

图 D-13　导引头信息读取子系统

实验过程中,由数学模型计算出的 $\dot{\lambda}$ 驱动目标模拟器转动,导引头模拟器则根据失调角 ε 生成指令角速率 $\dot{\lambda}_c$ 以跟踪目标,下面分析导引头模拟器转动角速率(即导引头框架转动角速率)与失调角的关系。

导弹、导引头与目标的基本几何关系如图 D-14 所示。图中,D 为光轴与参考轴的夹角,ε 为导弹导引头失调角,λ 为弹目视线角。由图可知

$$\varepsilon = \lambda - D \qquad\qquad (D-9)$$

对时间求导后,有

$$\dot{\varepsilon} = \dot{\lambda} - \dot{D} \qquad\qquad (D-10)$$

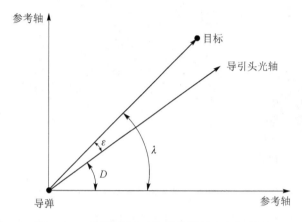

图 D-14 导弹、导引头与目标的基本几何关系

参考文献[69]中,Paul Zarchan 用了一个低通滤波器来估计 D,$\dot{D}$ 和 ε 的关系为

$$\dot{D} = \frac{1}{T}(\lambda - D) = \frac{\varepsilon}{T} \qquad\qquad (D-11)$$

式中,T 为低通滤波器的时间常数。

将式(D-11)代入式(D-10)中,可得

$$\dot{\varepsilon} = \dot{\lambda} - \frac{\varepsilon}{T} \qquad\qquad (D-12)$$

对上式进行拉普拉斯变换得

$$s\varepsilon + \frac{\varepsilon}{T} = s\lambda \qquad\qquad (D-13)$$

因此有

$$\varepsilon = \frac{s}{s + \frac{1}{T}}\lambda = T\frac{s\lambda}{Ts+1} = T\frac{1}{Ts+1}\dot{\lambda} \qquad\qquad (D-14)$$

当时间趋于无穷时,$\dfrac{1}{Ts+1}$ 趋近于 1。此时,上式可化简为

$$\varepsilon = T\dot{\lambda} \qquad\qquad (D-15)$$

即

$$\dot{\lambda} = \frac{1}{T}\varepsilon \qquad (D-16)$$

令 $k = \frac{1}{T}$，可得

$$\dot{\lambda} = k\varepsilon \qquad (D-17)$$

　　计算得出 $\dot{\lambda}$ 即为驱动导引头转动的 $\dot{\lambda}_c$。这里 k 的取值会影响导引头跟踪目标的性能，在系统参数不明确的情况下，一般由实验经验获得。若 k 值过小，即时间常数过大，系统响应过慢而不能及时跟踪目标。若 k 值过大，将会引起系统震荡，当频率高于图像处理速度时，也会使导引头丢失目标。实际上，上述现象可由力矩电机的特征方程证明。实验过程中伺服电机采用 PID 反馈控制方法。

　　综上，电视制导半实物仿真系统的框图如图 D-15 所示。相比于纯数学模型，半实物仿真增加了导引头硬件环节，而不再是"1"。由数学模型计算出的 $\dot{\lambda}$ 驱动目标模拟器转动，导引头模拟器则根据目标跟踪软件得出的失调角 ε 生成指令角速率 $\dot{\lambda}_c$ 以跟踪目标。

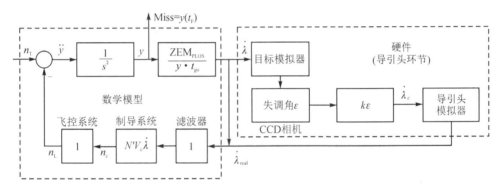

图 D-15　电视制导半实物仿真系统框图

附录 E　YE6251 软件操作说明书

E.1　登录输入

　　学生登录界面如图 E-1 所示。

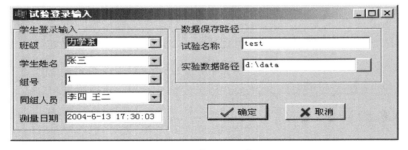

图 E-1　学生登录界面

E.2 实验项目选择

选择当前的实验项目,包括系统名称、实验项目名称,如图 E-2 所示。

图 E-2 实验项目选择

选择实验项目后,系统会自动显示本实验的实验向导,可按照上面提示的步骤进行实验。

E.3 通道参数设置

当选择一个实验项目时,系统已经给出一个大致合理的通道设置,当然用户也可进行部分修改。通道参数包括测点号设置,通道是否测量设置,工程单位设置,提示满量程设置(也即通道增益选择),如图 E-3 所示。

通道号	测点号	测量选择	工程单位	满量程
1	1	×	mV	5000.00
2	2	×	mV	5000.00
3	3	×	mV	5000.00
4	4	×	um	5000.00
5	f1	√	N	500.00
6	1	√	m/s2	50.00
7	7	×	m/s2	500.00

图 E-3 通道参数设置

"测点号"是描述测点位置的信息。一般测点号与通道号相对应,如通道号为 1,对应的测点号为 1,通道号为 2 对应的测点为 2。

"测量选择"表示左边对应的通道是否进行测量。双击可以在测量与不测量之间切换。

"满量程"表示当前通道所能测量的最大值。

位移通道有 2 档增益,即 1 倍、10 倍,对应的位移满量程为 5 000 μm,500 μm。

力通道有 3 档增益,即 1 倍、10 倍、100 倍,对于的力满量程为 5 000 N,500 N,50 N。

加速度通道 4 档增益,即 1 倍、10 倍、100 倍、1 000 倍,对于的力满量程为 5 000 m/s²,500 m/s²,50 m/s²,5 m/s²。

注意:当信号调理单元将力通道的增益设置为 10 倍时,一定要在通道参数栏将该通道的满度值设置为 500 N(第 2 挡);力通道的增益设置为 100 倍时,一定要在通道参数栏将该通道的满度值设置为 50 N(第 3 挡)。

E.4 系统参数设置

系统的参数设置如图 E-4 所示,其中:

① 采样方式:包括"示波""随机采样""信号触发"和"连续记录"和"模态试验"五种方式。

② 采样块数：采集 16 块，每块长度有 1 024 个数据采集点。

③ 触发通道：监测的通道。

④ 触发极性：分为上升沿、下降沿和绝对值触发。

⑤ 触发电平：触发的门槛值。

⑥ 触发延迟：该参数设置为负数，表示是从触发点向前预保留的点数。

⑦ 触发次数：多次触发采集允许在一个测试项目中连续多次捕捉瞬态信号，在每次触发条件满足后，系统自动采集一段数据，随后即进入等待触发状态，等待捕捉下一个瞬态信号；如此反复，直到采集完指定的触发次数或用户强制终止采集。其取值范围是正整数。

⑧ 采样批次：采样批次仅用于模态分析时使用的一个参数，该参数用于测量通道个数少于模态分析的测点数；当需要进行分批多次测量时，用来标记每批数据。亦可在事后分析时使用，其取值范围是正整数。

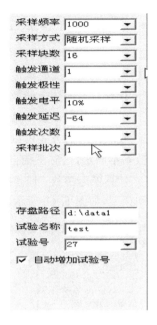

图 E-4　系统参数设置

E.5　观察视图设置

选择工具栏的"时间波形"可以创建时间波形视图，如图 E-5 所示。

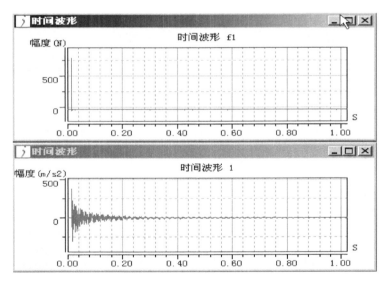

图 E-5　观察视图设置

也可以设置其他类型的分析视图，如 FFT 分析、传递函数分析、统计分析等。

E.6　数据采集

采集前一般先选择"示波"，进行正式实验前先对测量系统进行调试，如果显示异常，调节调理器参数使系统正常工作，通过指定的方式采集所需要的数据。

E.7 模态分析和振型动画显示(模态实验时使用)

① 打开实验项目,选择实验数据所在的目录。

② 调入某测点的时域波形,并对力锤信号加力窗,对响应信号加指数窗。

③ 计算某点的传递函数,并将图 E-6 的窗函数的参数应用于所有的测点。

④ 模态定阶可以选择某点的传函来定阶,也可以将所有的传函集总平均后定阶。

⑤ 收取模态的方式可以选择"自动"和"手动"。选择"自动"时,对于某一固定的结构,模态参数基本固定,这时系统自动选择频率区域;选择"手动"时,可以手动选择频率区域。

⑥ 计算模态参数:选择好频率区域后,选择"保存模态结果",系统会自动计算模态频率、阻尼和振型,如图 E-6 所示。

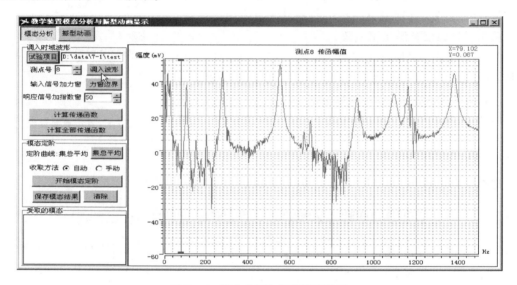

图 E-6 模态分析和振型动画显示

⑦ 振型和动画显示如图 E-7 所示。

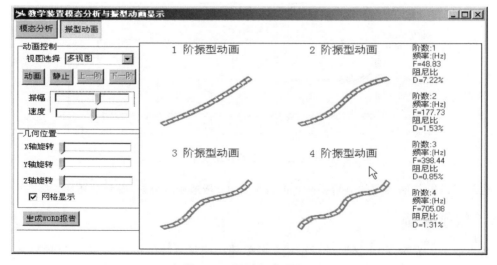

图 E-7 振型和动画显示

附录 F　振动力学实验原理

F.1　自由振动法测量系统参数

由振动理论可知，一个单自由度质量-弹簧-阻尼系统，其质量为 $m(\text{kg})$，弹簧刚度为 $K(\text{N/m})$，黏性阻尼系数为 $r(\text{N·m·s}^{-1})$。当质量承受激扰，（即初始条件为 $t=0$ 时，位移 $x=x_0$，速度 $\dot{x}=\dot{x}_0$ 激扰）时，系统将作自由衰减振动。在弱阻尼条件下其位移响应为

$$x = A\,\mathrm{e}^{-nt}\sin(\sqrt{p^2-n^2}\,t + \phi)$$

式中，

$n = \dfrac{r}{2m}$ 为衰减系数（rad/s）；

$p = \sqrt{\dfrac{K}{m}}$ 为固有圆频率（rad/s）；

$A = \sqrt{\dfrac{\dot{x}_0^2 + 2n\dot{x}_0 x_0 + p^2 x_0^2}{p^2 - n^2}}$ 为响应幅值（m）；

$\phi = \arctan\dfrac{x_0\sqrt{p^2-n^2}}{\dot{x}_0 + nx_0}$ 为响应的相位角（度）。

响应曲线如图 F-1 所示。引入

相对阻尼系数 $\qquad\qquad\qquad\qquad \xi = \dfrac{n}{p}$

对数衰减比 $\qquad\qquad\qquad\qquad \delta = \ln\dfrac{A_1}{A_3}$

则有 $\qquad\qquad\qquad\qquad\qquad n = \dfrac{\delta}{T_d}$

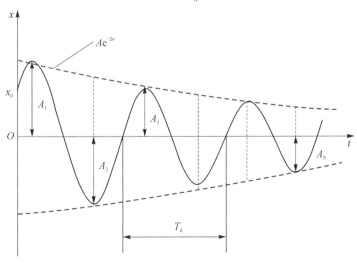

图 F-1　弱阻尼下自由振动衰减曲线

而 $T_d = \dfrac{1}{f_d} = \dfrac{2\pi}{\sqrt{p^2-n^2}}$ 为衰减振动的周期，$f_d = \dfrac{p_d}{2\pi} = \dfrac{\sqrt{p^2-n^2}}{2\pi}$ 为衰减振动的频率，$p_d = \sqrt{p^2-n^2}$ 为衰减振动的圆频率。

由图 F-1 可知，衰减振动的响应曲线上可直接测量出 δ，T_d，然后根据 $n = \dfrac{\delta}{T_d}$ 可计算出 n；$T_d = \dfrac{1}{f_d} = \dfrac{2\pi}{\sqrt{p^2-n^2}}$ 可计算出 p；$\xi = \dfrac{n}{p}$ 可计算出 ξ；$n = \dfrac{r}{2m}$ 可计算出 r；$f_0 = \dfrac{p}{2\pi} = \dfrac{1}{2\pi}\sqrt{\dfrac{K}{m}}$ 可计算出无阻尼时系统的固有频率 f_0；$T_0 = \dfrac{1}{f} = 2\pi\sqrt{\dfrac{m}{K}}$ 可计算出无阻尼时系统的固有周期 T_0。

对于衰减系数 n，可以用如下 3 种方法：

① 由相邻的正峰（或相邻的负峰）幅值比计算得到，即

$$n = \frac{1}{T_d}\ln\frac{A_1}{A_3} = \frac{2}{T_d}\ln\left|\frac{A_1}{A_2}\right| = \frac{2}{T_d}\ln\left|\frac{A_2}{A_3}\right| = \cdots$$

② 由相邻的峰-峰幅值比计算得到，即

$$n = \frac{2}{T_d}\ln\frac{|A_1|+|A_2|}{|A_2|+|A_3|} = \frac{2}{T_d}\ln\frac{|A_2|+|A_3|}{|A_3|+|A_4|} = \cdots$$

③ 小阻尼情况适用的公式为

$$n = \frac{2}{NT_d}\ln\frac{|A_1|}{|A_{N+1}|} = \frac{2}{T_d}\ln\frac{|A_k|}{|A_{k+N+1}|} = \frac{2}{NT_d}\ln\frac{|A_k|+|A_{k+1}|}{|A_{k+N=1}|+|A_{k+N+2}|}\cdots$$

F.2　简支梁振动模态

简支梁振动模态如图 F-2 所示。

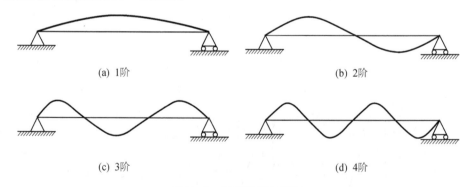

(a) 1阶　　　　　　　　　　　　　　(b) 2阶

(c) 3阶　　　　　　　　　　　　　　(d) 4阶

图 F-2　简支梁振动模态

F.3　频响函数说明

由振动理论可知，设单自由度黏性阻尼系统的阻尼力 $F_d = -r\dot{x}$，则系统运动的微分方程为

$$m\ddot{x} + r\dot{x} + kx = F$$

对上式两边进行拉普拉斯变换，并假设初始值为 0，有

$$(ms^2 + rs + k)X(s) = F(s)$$

式中，s 为拉氏变换因子，为复变量，也称复频率，其实部和虚部常用 β 和 ω 表示，即 $s=\beta+\mathrm{j}\omega$；$X(s)$ 为 $x(t)$ 的拉氏变换；$F(s)$ 为 $F(t)$ 的拉氏变换。按照机械系统传递函数的定义，有该系统的传递函数

$$H(s)=\frac{X(s)}{F(s)}=\frac{1}{ms^2+rs+k}$$

对于自由振动，$F=0$，则有 $ms^2+rs+k=0$。在小阻尼的情况下，可求得 s 的一对共轭复根为

$$\begin{cases} p=-n+\mathrm{j}\omega_{\mathrm{d}} \\ \bar{p}=-n-\mathrm{j}\omega_{\mathrm{d}} \end{cases}$$

p 和 $\bar{p}$ 称为该系统的复频率，其实部 $n=\dfrac{r}{2m}$ 即为系统的衰减系数，虚部 $\omega_{\mathrm{d}}=\sqrt{\omega_n^2-n^2}$ 为系统有阻尼的固有频率。

对系统运动的微分方程两边进行傅里叶变换，即 $s=\mathrm{j}\omega$，即有系统的频响函数

$$H(\omega)=H(s)\big|_{s=\mathrm{j}\omega}=\frac{X(\omega)}{F(\omega)}=\frac{1}{-\omega^2 m+\mathrm{j}\omega r+k}$$

式中，$X(\omega)$ 为 $x(t)$ 的傅里叶变换；$F(\omega)$ 为 $F(t)$ 的傅里叶变换。

频响函数是频率的函数，为复数，既有幅值与相位，又有实部与虚部，因此常用以下曲线来描述其特性：

（1）Bode 图

频响函数的幅频图和相频图统称为 Bode 图。对黏性阻尼，其模与相位角为

$$\begin{cases} |H(\omega)|=\dfrac{1}{k}\cdot\dfrac{1}{\sqrt{(1-\lambda^2)^2+(2\xi\lambda)^2}} \\ \varphi_H=\arctan\dfrac{-2\xi\lambda}{1-\lambda^2} \end{cases}$$

式中，$\lambda=\dfrac{\omega}{p}$ 为频率比；$\xi=\dfrac{n}{p}=\dfrac{r}{r_{\mathrm{c}}}$ 为相对阻尼系数，其图形如图 F-3 所示。

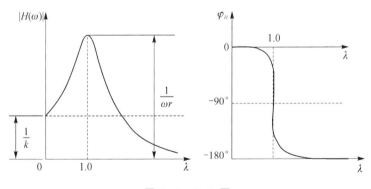

图 F-3　Bode 图

在相频图上，当 $\lambda=1$ 时，$\varphi_H=-90°$，而且与阻尼大小无关，系统处于相位共振状态，可以方便地识别出系统的固有频率 p；在幅频图上，当 $\lambda=1$ 时，$|H(\omega)|$ 达到极大值，且 $|H(\omega)|=\dfrac{1}{\omega r}$，故可以识别出阻尼系数 r。

（2）实频图与虚频图

频响函数的实部和虚部分别为

$$
\begin{cases}
H^R(\omega) = \dfrac{1}{k}\left[\dfrac{1-\lambda^2}{(1-\lambda^2)^2+(2\xi\lambda)^2}\right] \\[3mm]
H^I(\omega) = \dfrac{-2\xi\lambda}{k\left[(1-\lambda^2)^2+(2\xi\lambda)^2\right]}
\end{cases}
$$

频响函数的图形如图 F - 4 所示。在实部图上，利用半功率点法可以识别出系统的相对阻尼系数 $\xi=\dfrac{\Delta\lambda}{2}$；$\lambda=1$ 时虚部达到极大值，实部为 0，系统处于共振状态，可识别出系统的固有频率。

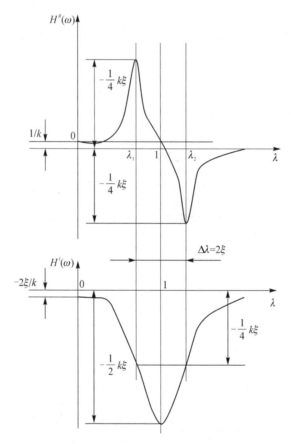

图 F - 4　频响函数的实部和虚部

附录 G　HT - S - 4310 通信协议

RS485 接口默认通信波特率为 115 200（数据位：8，校验位：0，停止位：1）上位机可配置波特率为：115 200，57 600，38 400，19 200，9 600。所有字节采用小端字节顺序。电机出货默认的设备地址为 0x01。

协议通信包的命令格式如表 G-1 所列。

表 G-1　协议通信包命令格式

字段名	字节数	说　明
协议头	1	主机发送的协议头为 0x3E，从机应答的协议头为 0x3C
包序号	1	舵机应答的包序号与主控制器发送给舵机的相同
设备地址	1	—
命令码	1	不同的命令有不同的命令码，用于区分命令类型
数据包长度	1	数据字节字节数量（数据字段的字节数可以为 0）
数据字段	0~60	命令码附带的数据
CRC16 校验	2	协议头至数据字段进行 CRC16_MODBUS 校验

自定义控制命令如表 G-2 所列。

表 G-2　自定义控制命令

类　别	命令码	命令功能描述
系统	0x0A	获取电机型号、软件版本、硬件版本等信息
	0x0B	读取电机系统实时数据
	0x0C	读取电机保存的系统参数（读取的参数为电机永久保存的参数）
	0x0D	将系统参数写入到电机（电机接收参数，但是断电不保存）
	0x0E	将系统参数保存到电机（电机接收参数，断电永久保存参数）
	0x0F	电机参数恢复出厂设置
编码器	0x20	电机编码器校准（电机出厂均进行了编码器校准）
	0x21	设置电机当前位置为原点
	0x2F	读取编码器单圈绝对值、多圈绝对值、速度实时数据
电机运行状态	0x40	读取电机状态信息（电压、电流、温度、故障码）
	0x41	清除电机故障码
电机控制	0x50	关闭电机，电机进入自由态不受控制（电机上电后为该状态）
	0x51	电机根据多圈绝对值角度，回到设定原点
	0x52	电机按照最短的距离回到设定的原点，旋转的角度不大于 180°
	0x53	电机开环控制
	0x54	电机速度闭环控制
	0x55	电机绝对值位置闭环控制
	0x56	电机相对位置闭环控制
	0x57	位置闭环目标速度读取和配置

获取电机型号、电机软件版本号、硬件版本号等信息，可通过命令码 0x0A 完成，主控制器发送给电机，数据说明如表 G-3 所列。

表 G-3 命令码为 0x0A 时主控制器发送至电机的数据说明

序　号	字段名称	字　节	内容说明（数据）
DATA[0]	协议头	1	0x3E
DATA[1]	包序号	1	0x00～0x0FF
DATA[2]	设备地址	1	0x01～0x20
DATA[3]	命令码	1	0x0A
DATA[4]	数据包长度	1	0x00
DATA[5]	CRC16 校验低字节	2	DATA[0]～DATA[4]字节 CRC16 校验
DATA[6]	CRC16 校验高字节		

电机应答主控制器设备信息，详细说明如表 G-4 所列。

表 G-4 命令码为 0x0A 时电机应答主控制器设备信息说明

序　号	字段名称	字　节	内容说明（数据）
DATA[0]	协议头	1	0x3C
DATA[1]	包序号	1	0x00～0x0FF
DATA[2]	设备地址	1	0x01～0x20
DATA[3]	命令码	1	0x0A
DATA[4]	数据包长度	1	0x14
DATA[5]	电机型号低字节	2	电机型号
DATA[6]	电机型号高字节		
DATA[7]	硬件版本号	1	[Bit4：0]：硬件副版本号 [Bit7：5]：硬件主版本号
DATA[8]	硬件配置信息	1	[Bit0]：(0 设备地址不可软件配置) 　　　　(1 设备地址可软件配置) [Bit1]：(0 硬件没有 CAN 接口) 　　　　(1 硬件具有 CAN 接口) [Bit7：5]：(000 常规版本) 　　　　　(001 中孔版本) 　　　　　(010 拓展版本) 　　　　　(011H 版本)
DATA[9]	软件版本号低字节	2	软件版本号
DATA[10]	软件版本号高字节		
DATA[11]- DATA[22]	MCU 唯一 ID	12	
DATA[23]	RS485 协议版本号	1	[Bit3：0]：RS485 协议副版本号 [Bit7：4]：RS485 协议主版本号

序　号	字段名称	字　节	内容说明（数据）
DATA[24]	CAN 协议版本号	1	[Bit3：0]：CAN 协议副版本号 [Bit7：4]：CAN 协议主版本号
DATA[25]	CRC16 校验低字节	2	DATA[0]～DATA[24]字节 CRC16 校验
DATA[26]	CRC16 校验高字节		

读取电机系统实时数据（当前单圈绝对值角度、当前多圈绝对值角度、当前速度、当前电源电压、当前系统电流、当前系统温度、系统故障码）可向电动机发送命令码 0x0B 完成。主控制器发送给电机的数据说明如表 G - 5 所列。

表 G - 5　命令码为 0x0B 时主控制器发送至电机的数据说明

序　号	字段名称	字　节	内容说明（数据）
DATA[0]	协议头	1	0x3E
DATA[1]	包序号	1	0x00～0x0FF
DATA[2]	设备地址	1	0x01～0x20
DATA[3]	命令码	1	0x0B
DATA[4]	数据包长度	1	0x00
DATA[5]	CRC16 校验低字节	2	DATA[0]～DATA[4]字节 CRC16 校验
DATA[6]	CRC16 校验高字节		

电机应答主控制器数据说明如表 G - 6 所列。

表 G - 6　命令码为 0x0B 时电机应答主控制器信息说明

序　号	字段名称	字　节	内容说明（数据）
DATA[0]	协议头	1	0x3C
DATA[1]	包序号	1	0x00～0x0FF
DATA[2]	设备地址	1	0x01～0x20
DATA[3]	命令码	1	0x0B
DATA[4]	数据包长度	1	0x0D
DATA[5]	单圈绝对值低字节	2	电机单圈绝对值角度（uint16_t） Angle° = val * (360/16 384)
DATA[6]	单圈绝对值高字节		
DATA[7]	多圈绝对值低字节 1	4	电机多圈绝对值角度（int32_t） Total Angle° = val * (360/16 384)
DATA[8]	多圈绝对值字节 2		
DATA[9]	多圈绝对值字节 3		
DATA[10]	多圈绝对值高字节 4		
DATA[11]	机械速度低字节	2	电机速度（int16_t） 单位为 0.1Rpm
DATA[12]	机械速度高字节		

续表 G - 6

序　号	字段名称	字　节	内容说明(数据)
DATA[13]	电源电压	1	电源电压 = val * 0.2(V)
DATA[14]	系统电流	1	系统电流 = val * 0.03(A)
DATA[15]	系统温度	1	系统温度 = val * 0.4(℃)
DATA[16]	系统故障码	1	[Bit0]：电压故障 [Bit1]：电流故障 [Bit2]：温度故障
DATA[17]	电机运行状态	1	0：关闭状态 1：开环模式 3：速度模式 5：位置模式
DATA[18]	CRC16 校验低字节	2	DATA[0]~DATA[17]字节 CRC16 校验
DATA[19]	CRC16 校验高字节		

读取编码器单圈绝对值角度值、多圈绝对值角度值、机械速度。单圈绝对值范围为 0x00～0X3FFF(即 0～16383)可通过命令码 0x2F 完成。主控制器发送给电机的数据说明如表 G - 7 所列。

表 G - 7　命令码为 0x2F 时主控制器发送至电机的数据说明

序　号	字段名称	字　节	内容说明(数据)
DATA[0]	协议头	1	0x3E
DATA[1]	包序号	1	0x00～0x0FF
DATA[2]	设备地址	1	0x01～0x20
DATA[3]	命令码	1	0x2F
DATA[4]	数据包长度	1	0x00
DATA[5]	CRC16 校验低字节	2	DATA[0]~DATA[4]字节 CRC16 校验
DATA[6]	CRC16 校验高字节		

电机应答主控制器的数据说明如表 G - 8 所列。

表 G - 8　命令码为 0x2F 时电机应答主控制器信息说明

序　号	字段名称	字　节	内容说明(数据)
DATA[0]	协议头	1	0x3C
DATA[1]	包序号	1	0x00-0x0FF
DATA[2]	设备地址	1	0x01～0x20
DATA[3]	命令码	1	0x2F
DATA[4]	数据包长度	1	0x08
DATA[5]	单圈绝对值角度低字节	2	电机单圈绝对值角度(uint16_t) Angle° = val * (360/16 384)
DATA[6]	单圈绝对值角度高字节		

序　号	字段名称	字　节	内容说明（数据）
DATA[7]	多圈绝对值角度低字节 1	4	与命令码为 0×0B 时的含义相同
DATA[8]	多圈绝对值角度字节 2		
DATA[9]	多圈绝对值角度字节 3		
DATA[10]	多圈绝对值角度高字节 4		
DATA[11]	机械速度低字节	2	电机速度(int16_t) 单位为 0.1 rpm
DATA[12]	机械速度高字节		
DATA[13]	CRC16 校验低字节	2	DATA[0]～DATA[12]字节 CRC16 校验
DATA[14]	CRC16 校验高字节		

读取电机实时状态信息（实时电压、实时电流、实时温度、故障码）可通过命令码 0x40 完成。主控制器发送给电机的数据说明如表 G - 9 所列。

表 G - 9　命令码为 0x40 时主控制器发送至电机的数据说明

序　号	字段名称	字　节	内容说明（数据）
DATA[0]	协议头	1	0x3E
DATA[1]	包序号	1	0x00－0x0FF
DATA[2]	设备地址	1	0x01～0x20
DATA[3]	命令码	1	0x40
DATA[4]	数据包长度	1	0x00
DATA[5]	CRC16 校验低字节	2	DATA[0]～DATA[4]字节 CRC16 校验
DATA[6]	CRC16 校验高字节		

电机应答主控制器数据说明如表 G - 10 所列。

表 G - 10　命令码为 0x40 时电机应答主控制器信息说明

序　号	字段名称	字　节	内容说明（数据）
DATA[0]	协议头	1	0x3C
DATA[1]	包序号	1	0x00～0x0FF
DATA[2]	设备地址	1	0x01～0x20
DATA[3]	命令码	1	0x40
DATA[4]	数据包长度	1	0x05
DATA[5]	电源电压	2	电源电压 = val * 0.2(V)
DATA[6]	系统电流	2	系统电流 = val * 0.03(A)
DATA[7]	系统温度	2	系统温度 = val * 0.4(℃)
DATA[8]	故障码	1	[Bit0]：电压故障 [Bit1]：电流故障 [Bit2]：温度故障

序　号	字段名称	字　节	内容说明（数据）
DATA[9]	电机运行状态	1	0：关闭状态 1：开环模式 3：速度模式 5：位置模式
DATA[10]	CRC16 校验低字节	2	DATA[0]～DATA[9] 字节 CRC16 校验
DATA[11]	CRC16 校验高字节		

电机绝对值位置闭环控制，位置控制模式下电机将按照"位置闭环目标速度"这个参数设定的速度作为运行的最大速度可通过命令码 0x55 完成。主控制器发送给电机的数据说明如表 G - 11 所列。

表 G - 11　命令码为 0x55 时主控制器发送至电机的数据说明

序　号	字段名称	字　节	内容说明（数据）
DATA[0]	协议头	1	0x3E
DATA[1]	包序号	1	0x00～0x0FF
DATA[2]	设备地址	1	0x01～0x20
DATA[3]	命令码	1	0x55
DATA[4]	数据包长度	1	0x04
DATA[5]	目标位置低字节 1	4	目标绝对值位置 Count 值 数据类型 uint32_t 电机旋转一圈的 Count 值为 16 384
DATA[6]	目标位置字节 2		
DATA[7]	目标位置字节 3		
DATA[8]	目标位置高字节 4		
DATA[9]	CRC16 校验低字节	2	DATA[0]～DATA[8]字节 CRC16 校验
DATA[10]	CRC16 校验高字节		

电机应答主控制器除了应答的命令码不同外，电机应答主控制器的内容与 0x2F 命令中电机应答主控制器的内容一致。

参考文献

[1] 单家元,孟秀云,丁艳,等. 半实物仿真[M]. 北京：国防工业出版社,2013.

[2] Wilbanks J. Real-Time Computing FAQ.[EB/OL].（2014-3-27）[2023-08-02].http：//www.faqs.org/faqs/realtime-computing/faq/.

[3] 梁炳成,王恒霖,郑燕红.军用仿真技术的发展动向和展望[J].系统仿真学报,2001(01)：18-21.

[4] 王恒霖,曹建国.系统仿真的发展沿革与展望[J].系统仿真学报,1997(01)：4-6.

[5] 马培蓓,吴进华,纪军,等.dSPACE 实时仿真平台软件环境及应用[J].系统仿真学报,2004(04)：667-670.

[6] 曹卫彬,李向阳,万畅,等.虚拟仪器典型测控系统编程实践[M].北京：电子工业出版社,2012.

[7] 贾惠芹.虚拟仪器设计[M].北京：机械工业出版社,2012.

[8] 庞中华,崔红.系统辨识与自适应控制 MATLAB 仿真（修订版）[M].北京：北京航空航天大学出版社,2013.

[9] 李鹏波,胡德文,张纪阳,等.系统辨识[M].北京：中国水利水电出版社,2010.

[10] 李晓东.MATLAB R2016a 控制系统设计与仿真 35 个案例分析[M].北京：清华大学出版社,2018.

[11] 刘文定,王东林.MATLAB/Simulink 与过程控制系统[M].北京：机械工业出版社,2013.

[12] 吴斌,李莉.导弹质心测量方法研究[J].弹箭与制导学报,2004(S6)：284-286.

[13] 张立明.质量/质心及转动惯量一体化测试系统设计[D].哈尔滨：哈尔滨工业大学,2013.

[14] 王学仓.导弹质量特性参数测量系统设计及分析[D].哈尔滨：哈尔滨工业大学,2014.

[15] 郝晶莹,李军.质量质心转动惯量测试系统的应用与改进[J].航天制造技术,2009(03)：54-57.

[16] 陈燕.某型号导弹质量/质心测量系统的设计与误差分析[D].哈尔滨：哈尔滨工业大学,2014.

[17] 臧涛成.导弹质心测量方法研究.弹道学报[J].1999,11(3)：89-93

[18] 高强.弹性体导弹振动主动控制研究[D].合肥：中国科学技术大学.2009.

[19] 赵鸿燕.AIM-9XBlockⅡ空空导弹研制进展[J].飞航导弹,2014(3)：22-26.

[20] 张雷.弹性体导弹弹性特性分析与控制[D].合肥：中国科学技术大学.2010.

[21] 吴小胜,黄晓鹏.大长细比导弹气动弹性数值计算研究[J].北京：北京理工大学学报,2010,30(04)：379-382,414.

[22] 陈士橹,陈行健,严恒元,等.弹性飞行器纵向稳定性问题[J].航空学报,1985(04)：321-328.

[23] 杨军.导弹控制系统设置原理[M].西安：西北工业大学出版社,1997.

[24] 陈志敏,徐敏,陈刚.弹性飞行器动力学与控制研究现状和发展趋势[J].中国民航飞行学院学报,2005(01)：3-7.

[25] Nesline F W, Nesline M L. How autopilot requirements constrain the aerodynamic design of homing missiles[C]//1984 American Control Conference. IEEE, 1984：716-730.

[26] 陈克辉.关于静不稳定导弹自动驾驶仪设计的若干问题[J].上海航天,1990(04)：32-35.

[27] 苏翀.飞行器电动舵机设计与研究[D].上海：上海交通大学,2013.

[28] 刘兴堂.导弹制导控制系统分析、设计与仿真[M].西安：西北工业大学出版社,2006.

[29] 方振平,陈万春,张曙光.航空飞行器飞行动力学[M].北京：北京航空航天大学出版社,2005.

[30] 胡寿松.自动控制原理[M].8版.北京：科学出版社,2019.

[31] 梁锡昌,蒋建东,李润方.一种新型舵机装置的研究[J].船舶工程,2004(01)：30-33.

[32] Meng F. Actuation system design with electrically powered actuators[A]. 2011.

[33] 汪军林,解付强,刘玉浩.导弹电动舵机的研究现状及发展趋势[J].飞航导弹,2008(03)：42-46.

[34] Nam Y, Hong S K. Force control system design for aerodynamic load simulator[J]. Control Engineering Practice, 2002, 10(5)：549558.

[35] 苏永清,黄献龙,赵克定.国内电液负载仿真台研究与发展现状[J].机床与液压,1999(02)：17-19.

[36] Gujarathi P K, Aware M V. Hardware-in-Loop simulation of direct torque controlled induction motor[C]//2006 International Conference on Power Electronic, Drives and Energy Systems. IEEE, 2006：1-5.

[37] 王瑞东,赵晓蓓.舵机电动力加载系统的研究[J].科学技术与工程,2007(22)：5915-5917,5921.

[38] 王安敏,张立勋,刘庆和,等.新型结构负载模拟器研究[J].机械工程师,1994(06)：4-5.

[39] 韦宏强,赫赤,吴红权,等.舵机负载模拟器设计与建模仿真分析[C]//中国自动化学会系统仿真专业委员会,中国系统仿真学会仿真技术应用专业委员会,离散系统仿真专业委员会.系统仿真技术及其应用学术论文集(第15卷).北京：中国科学技术大学出版社,2014：180-184.

[40] 司丹丹,赵晓蓓,符文星,等.应用多路前馈和负反馈提高电动加载系统性能研究[J].测控技术,2008(05)：90-93.

[41] 焦宗夏,华清,王晓东.负载模拟器的评价指标体系.机械工程学报[J]. 2002,38(11)：26-30.

[42] Yalla S K, Kareem A. Dynamic Load Simulator：Actuation Strategies and Applications[J]. Journal of Engineering Mechanics, 2007, 133(8)：855863.

[43] Elliott S J, Sutton T J. Performance of feedforward and feedback systems for active control[J]. IEEE Transactions on Speech and Audio Processing, 1996, 4(3)：214-223.

[44] Wang X, Feng D, Sun S. Electric load motion control system design with invariance

theory[C]//2009 Chinese Control and Decision Conference. IEEE，2009：253-257.

[45] 袁朝辉,孙焘.电动舵机负载模拟系统复合控制方法研究[J].计算机测量与控制,2008 (10)：1439-1440,1465.

[46] 任志婷,焦宗夏.小转矩电动式负载模拟器的设计[J].北京航空航天大学学报,2003 (01)：91-94.

[47] 张举中,王新民,张菊丽.电动负载模拟器中多余力矩的新型抑制方法[J].微电机,2007 (07)：18-20,67.

[48] Wang J, Liang L, Zhang S, et al. Application of H∞ control based on mixed sensitivity in the electro-hydraulic load simulator[C]//2007 International Conference on Mechatronics and Automation. IEEE，2007：2991-2996.

[49] Nam Y. QFT force loop design for the aerodynamic load simulator[J]. IEEE Transactions on Aerospace and Electronic Systems, 2001，37(4)：1384-1392.

[50] Truong D Q, Kwan A K, Yoon J I. A study on force control of electric-hydraulic load simulator using an online tuning quantitative feedback theory[C]//2008 International Conference on Control，Automation and Systems. IEEE，2008：2622-2627.

[51] Fan J, Zheng Z,Lv M. Optimal sliding mode variable structure control for load simulator[C]//2008 2nd International Symposium on Systems and Control in Aerospace and Astronautics. IEEE，2008：1-4.

[52] 王明彦,郭奔.基于迭代学习控制的电动伺服负载模拟器[J].中国电机工程学报,2003 (12)：126-129.

[53] Zhai C R, Zhao K D, Zhang Z G, et al. Resisting Load Disturbance Control of Electrohydraulic Servo Flight Simulator Based on Neural Networks[J]. Journal of Harbin Institute of Technology, 2000，32(2)：98-101.

[54] 袁朝辉,徐鹏,朱伟,等.基于神经网络的无人机负载模拟器的复合控制[J].计算机仿真, 2006(03)：37-40.

[55] 沈东凯,华清,王占林.基于神经网络的电动加载系统[J].航空学报,2002(06)：525-529.

[56] 张健,郭犇,王明彦.基于 RBF 神经网络的电动加载控制策略分析[J].自动化技术与应用,2006(09)：22-25.

[57] Truong D Q, Ahn KK. Force control for hydraulic load simulator using self-tuning grey predictor – fuzzy PID[J]. Mechatronics, 2009，19(2)：233-246.

[58] Ahn K K, Truong D Q, Soo Y H. Self tuning fuzzy PID control for hydraulic load simulator[C]//2007 International Conference on Control，Automation and Systems. IEEE，2007：345-349.

[59] 蔡永强,裴丽华,王占林.力伺服系统的模糊自适应控制[J].北京航空航天大学学报, 1999(01)：26-29.

[60] 李佩珊.电动舵机通用测试系统设计[J].自动化仪表,2020,41(01)：106-110.

[61] 杨晶超.电视制导工作原理及发展现状[EB/OL].(2015-06-10)[2023-04-11].http：// www.docin.com/p-225330137.html.

[62] Rafael C. Gonzalez. Richard E. Woods. 数字图像处理[M].阮秋琦,阮宇智,译.2 版.

北京：电子工业出版社，2007.

[63] Gelb A. Applied optimal estimation[M]. Cambridge MIT press，1974.

[64] 邓自立. 最优估计理论及其应用：建模、滤波、信息融合估计[M]. 哈尔滨：哈尔滨工业大学出版社，2005.

[65] 秦永元,张红钺,汪叔华.卡尔曼滤波与组合导航原理[M]. 4 版. 西安：西北工业大学出版社,2021.

[66] 周慧钟,李忠应,王瑾玫.有翼导弹飞行动力学[M]. 北京：北京航空航天大学出版社,1983.

[67] 蒋金山,何春雄,潘少华.最优化计算方法[M]. 广州：华南理工大学出版社,2007.

[68] Duan G，Sun Y，Zhang M，et al. Aerodynamic coefficients models of hypersonic vehicle based on aero database[C]//2010 First International Conference on Pervasive Computing，Signal Processing and Applications. IEEE，2010：1001-1004.

[69] Zarchan P. Tactical and strategic missile guidance[M]. Reston，Virginia(VA) American Institute of Aeronautics and Astronautics，Inc.，2012.